KB029231

바다의 숲

| 일러두기 |

- 이 책은 로스 프릴링크와 크레이그 포스터가 함께 쓴 책으로, 로스 프릴링크의 글은 명조체로, 크레이그 포스터의 글은 고딕체로 표기했다. 사진에 대한 설명 글은 모두 크레이그 포스터의 글이다.
- 한국어명이 정해지지 않은 동물명은 영어 일반명과 기타 관행을 바탕으로 표기했다.

Sea Change
by Craig Foster and Ross Frylinck

Copyright © Quivertree Publications 2018
Photographs copyright © As credited below
All rights reserved.
Korean translation rights © Bookhouse Publishers Co. 2021
Korean translation rights are arranged with Quivertree Publications through The Lennon-Ritchie Agency and AMO Agency, Korea.

이 책의 한국어판 저작권은 AMO에이전시를 통해 저작권자와 독점 계약한 ㈜북하우스 퍼블리셔스에 있습니다.
저작권법에 의해 한국 내에서 보호를 받는 저작물이므로 무단 전재와 무단 복제를 금합니다.

WRITING ROSS FRYLINCK **PHOTOGRAPHS AND CAPTIONS** CRAIG FOSTER
CREATIVE DIRECTOR LIBBY DOYLE **ILLUSTRATION** CHRIS LOCHNER
EDITING PIPPA EHRLICH **SUB-EDITING** LENI MARTIN & CAROLINE WEBB
INDEXING MARY LENNOX
OTHER PHOTOGRAPHS
PIPPA EHRLICH: pp. 50~51, pp. 72~73, pp. 96~97, p. 149, pp. 152~153, pp. 242~243, pp. 266~267, pp. 286~287
TOM FOSTER: pp. 46~47, pp. 378~379
ROSS FRYLINCK: pp. 52~53, p. 84, pp. 136-137, pp. 162-163, pp. 190~191, pp. 256~257, pp. 344~345, p. 357, p. 377

바다의 숲

나의 문어 선생님과 함께한 야생의 세계

크레이그 포스터, 로스 프릴링크 지음 | 이충호 옮김

Sea Change : From the Makers of 'My Octopus Teacher'

해나무

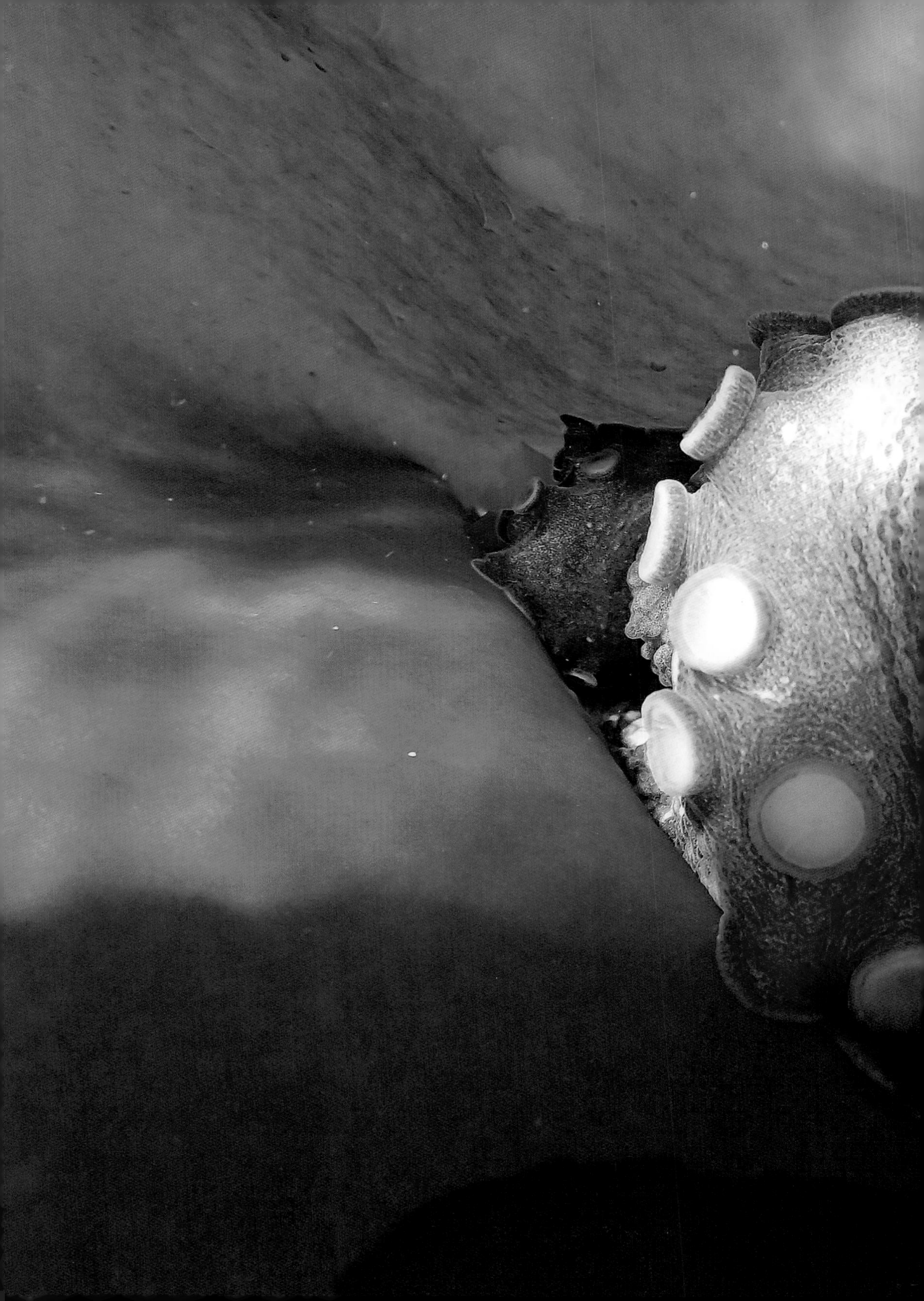

추천사

제인 구달

Jane Goodall, 동물학자

내가 문어를 좋아한다는 사실을 잘 아는 친구가 다큐멘터리 영화 '나의 문어 선생님' 링크를 보내주었다. 이것이 멋진 선물이 되리라고는 충분히 예상했지만, 내 생각을 확 바꿔놓을 만큼 황홀한 경험이 되리라고는 전혀 상상하지 못했다.

문어가 지능이 매우 높다는 사실은 당연히 알고 있었지만, 사람과 문어 사이의 진정한 우정 앞에서 눈물이 왈칵 솟구치는 감정 변화에는 전혀 대비가 돼 있지 않았다. 문어가 천천히 죽어가는 것을 지켜보면서, 그리고 문어의 짧은 생애 중 이 마지막 단계를 촬영한 크레이그 포스터의 감정을 지켜보면서 가슴이 먹먹해지는 슬픔에도 전혀 대비가 돼 있지 않았다. 포스터는 8개월 동안 매일 얼음처럼 차가운 물속으로 잠수하면서 서서히 문어의 신뢰를 쌓았고, 그러다가 마침내 문어가 사냥을 나설 때마다 함께 따라다니게 되었으며, 서식지인 그레이트아프리칸시포리스트에서 문어가 매일 맞닥뜨리는 문제들을 알게 되었다.

케이프타운 주변의 아름다운 켈프 숲을 무대로 한 이 책은 우리를 더 깊은 바닷속으로 데려간다. 이 책은 환상적인 해저 환경을 보여주는 마법의 창과 같다. 경이로운 사진과 글은 그동안 상대적으로 잘 알려지지 않은 놀랍도록 아름다운 세계를 드러내 보여준다. 이 책은 사람의 눈을 피해 살아가는 독특하고 흥미로운 동물을 많이 소개하며, 일부 동물이 얼마나 똑똑하고 호기심이 많은지 알려준다. 그리고 우리 인간이 원하기만 한다면 많은 종류의 동물과 깊고 강한 유대를 맺을 수 있음을 깨닫게 해준다. 이 책은 또한 아주 개인적이고 감동적인 가족 이야기도 들려주는데, 야생에서 보내는 시간이 우리의 삶을 치유하고 변화시키는 힘이 있음을 보여준다. 이 책은 우정을 찬미하며, 우리가 주변 세계와 연결하기만 한다면 새로 배우고 경험할 것이 항상 있음을 보여준다.

크레이그 포스터와 로스 프릴링크는 바다에서 가까운 케이프타운에서 자랐으며, 어린 시절에 조수 웅덩이를 탐구하면서 많은 시간을 보냈고, 그다음에는 잠수를 배워 켈프 숲을 탐험했다. 나는 고향의 해변 부근에 솟아 있는 절벽을 탐험하면서 자랐다. 그곳에는 조수 웅덩이가 없었다. 대신에 새와 다람쥐, 곤충이 내 관심을 끌었다. 크레이그와 로스가 해저 숲의 경이로운 세계를 탐구하고자 한 반면, 내가 아프리카 열대우림의 비밀을 탐구하려고 한 것은 아마도 이 때문일 것이다. 비록 애정을 느낀 환경은 달랐지만 우리는 거의 똑같은 방식으로 자연에 끌렸고, 자연계와 긴밀한 연결을 느꼈으며, 자연과 일체가 되는 느낌을 받는 동시에 우리 인간도 자연계의 일부이며 궁극적으로는 자연에 의존해 살아간다는 사실을 이해했다.

우리는 또한 사람 이외의 스승으로부터 서로 다른 이 세계들에 대해 배우고, 우리가 연구하는 존재의 오랜 지식에 마음을 열 준

비가 되어 있었다. 여기에는 다른 무엇보다도 인내심이 필수적이다. 침팬지 데이비드 그레이비어드David Greybeard가 자신이 살던 숲에 흰 유인원이 침입했을 때, 이 낯선 유인원에 대한 불신을 거두기까지는 몇 달이 걸렸다. 그리고 문어가 크레이그에 대한 두려움을 거두기까지도 몇 주일이 걸렸다. 문어가 크레이그를 살짝 만지려고 호기심 어린 기다란 다리 하나를 내뻗는 순간, 나는 생후 4개월 된 침팬지 플린트Flint가 순진한 눈을 크게 뜬 채 다가와 내 코를 살짝 만지려고 호기심 어린 손가락을 뻗던 순간이 떠올랐다.

사람과 동물 사이의 장벽은 환상에 불과하다. 우리는 동물계의 일원이고, 동물계와 따로 분리된 존재가 아니다. 내가 침팬지 연구를 시작하기 전에 서양 과학은 동물의 성격이나 마음, 감정을 언급해서는 안 된다고 가르쳤는데, 그런 것은 사람만이 가진 속성이라는 이유에서였다. 과학자들은 우리와 나머지 동물 사이에 이러한 차이와 동일한 근본적 차이가 있다고 주장했다. 다행히도 나는 연구를 시작하기 전에 대학을 다니지 않았다. 게다가 어린 시절에 내게는 교수들의 이런 생각이 완전히 틀렸다고 가르쳐준 훌륭한 선생님이 있었는데, 그 선생님은 바로 우리 집에서 기르던 개 러스티Rusty였다.

침팬지는 살아 있는 동물 중 우리와 가장 가까운 친척이고, 우리와 동일한 DNA를 99%나 공유하고 있기 때문에, 그리고 내가 기술한 침팬지의 행동과 필름이 제공하는 증거는 사람만이 유일하게 개성과 마음과 감정을 지닌 존재가 아님을 명백하게 증명하기 때문에, 환원주의적 과학적 사고가 점차 변하기 시작했다. 지금은 많은 동물이 지능이 아주 높고, 제각각 다른 개성을 갖고 있으며, 우리와 비슷한 감정을 느낀다는 것을 보여주는 증거가 많다.

생물학적으로 우리와 아주 비슷한 침팬지가 우리와 공통점이 많다는 사실은 그다지 놀랍지 않다. 하지만 해부학적 구조와 생활 방식에서 큰 차이가 나는 문어도 호기심이 많고, 두려움과 통증을 알며, 우리와 동일한 생존 의지를 갖고 있다. 사람과 문어 둘 다 새로운 상황에 적응하고, 물체를 도구로 사용하고, 지능이 아주 높다.

사람과 동물 사이의 '우정'과 공감 개념을 인정하려 하지 않는 과학자도 있을 것이다. 이런 태도는 아주 불행한데, 우리가 자연계에 저지른 잔혹 행위와 파괴는 지구에서 살아가는 야생 동물과의 공감 부족에서 비롯되었기 때문이다.

그리고 인구가 늘어남에 따라 땅과 공기와 물을 오염시키고, 유한한 천연 자원을 무한한 것처럼 마구 소비하는 우리는 미래 세대에 대해서도 비슷한 공감 부족을 드러내고 있다. 화석 연료 사용과 삼림 파괴를 통해 우리가 배출하는 CO_2와 해양 오염은 기후 변화의 주요 원인인데, 만약 '늘 해오던 방식'을 계속 고수한다면, 기후 변화는 지구에서 살아가는 모든 생명의 미래를 위협할 것이다.

가장 중요한 두 가지 '탄소 흡수원'(CO_2를 흡수하고 저장할 수 있는 서식지)은 육지의 열대 숲과 전 세계 해안선 인근 바다 면적 중 약 25%를 차지하는 거대한 켈프 숲이다. 생물 다양성이 풍부한 두 생태계는 인간 활동으로 큰 위협을 받고 있다. 열대 숲이 파괴되면 거기에 저장돼 있던 탄소가 대기 중으로 배출되는데, 우리는 놀라운 속도로 열대 숲을 파괴하고 있다. 그리고 잘 알려졌다시피 바다의 상태는 티핑 포인트에 이르렀다. 산업적 어획 활동은 상업적 어종들을 멸종 직전으로 몰아넣고 있고, 그와 함께 부수적으로 잡히는 종들마저 위협하고 있다. 플라스틱은 이전에는 상상할 수 없었던 규모로 바다를 오염시키고 있고, 무엇보다도 기후 변화가 수온을 높이고 있다. 켈프는 온대 지역과 극지 바다에서 자라는데, 수온이 높아지면 켈프가 살아가기 어렵다. 게다가 기후 변화로 폭풍의 세기와 발생 빈도가 증가하면서 해초가 뿌리박고 있던 곳에서 떨어져 나가는 일이 잦다. 또, 민물에서 흘러든 오염 물질과 상업적 채취도 바다 숲을 위협한다.

좋은 소식이 있는데, 서로 아주 다르지만 놀랍게도 비슷한 점이 많은 이 두 숲의 중요성을 사람들이 인식하기 시작했고, 두 숲을 보호하고 회복하기 위해 점점 더 많은 자원을 투입하고 있다는 사실이다. 크레이그와 로스는 시체인지 프로젝트Sea Change Project를 창설했는데, 이 작은 바다 보전 단체는 영화와 이 책을 탄생시키는 배경이 되었다.

제인구달협회가 열대 숲의 마법에 관한 이야기를 들려주는 것처럼 이 단체는 더 많은 사람이 바다 숲을 사랑하고 보존하는 노력을 기울이도록 하기 위해 바다 숲의 마법에 관한 이야기를 들려준다.

더 좋은 소식이 있다. 자연에 기회를 주면, 심지어 우리가 완전히 파괴한 곳도 회복될 수 있으며, 멸종 위기에 내몰린 동물도 되살아날 기회를 얻을 수 있다. 그리고 젊은 사람들은 일단 문제를 알고 행동을 취할 힘이 있으면, 에너지가 넘치고 헌신적이고 정열적으로 활동한다.

자연은 회복력이 있고 현명하며, 기회를 주면 되살아난다. 이 책은 우리의 태도에 큰 변화를 일으켜 혹독한 자연계 착취를 멈추고, 우리가 살아가면서 남기는 생태 발자국을 더 가볍게 할 수 있도록 중요한 사실을 상기시키고 영감을 제공한다. 우리는 자연계와 숲과 바다 그리고 그저 마음과 가슴을 열기만 하면 우리에게 많은 것을 가르칠 수 있는 경이롭고 매력적인 동물들과 조화를 이루어 살아가는 법을 배워야 한다.

추천사

찰스 그리피스

Charles Griffiths, 케이프타운 대학교 명예 교수

모리셔스섬과 세이셸 제도, 모잠비크를 지나 남아프리카 공화국 국경 너머 소드와나만까지 남아프리카 본토 주변에 널려 있는 산호초들처럼 이국적인 인도양 섬들의 열대 해안은 오래전부터 현지 잠수부들에게 매력적인 장소였다. 하지만 케이프반도에 환상적인 해양 동물이 많이 살고 있다는 사실을 아는 사람은 적다. 실제로 케이프반도는 열대 인도-태평양보다 많은 점에서 훨씬 흥미로운데, 이곳에 사는 종들 중 상당수는 오직 이곳에서만 서식하는 고유종이어서 상대적으로 잘 알려지지 않았고 기록도 적기 때문이다. 이것은 육지에서도 고유종 식물(그리고 동물)이 아주 다양하게 존재하는 핀보스 생물 군계의 중심지가 케이프반도 남서부라는 사실과 맥을 같이 한다.

이 책에서 크레이그 포스터와 로스 프릴링크는 잘 알려지지 않은 케이프반도의 해안선과 얕은 바다를 경이롭고 독특한 눈으로 탐험하면서 놀라운 감수성과 통찰력으로 이 경험이 자신의 삶과 관점을 어떻게 변화시켰는지 설명한다. 이 책에 실을 사진을 찍기 위해 크레이그는 지금껏 내가 보지 못한 접근법을 사용했다. 통상적인

첨단 기술을 사용하는 대신에 크레이그는 차가운 물속에서 수행하는 임무에 필수적인 것으로 간주되는 두꺼운 잠수복과 산소 탱크를 벗어던졌다. 대신에 잠수복의 보호 없이 무호흡 잠수를 하면서 해양 동물과 똑같은 조건으로 해양 세계로 들어가는 길을 택했다. 게다가 그는 몇 년 동안 매일 이 작업을 계속했다. 이렇게 크레이그는 해양 동물과 같은 조건에서 그들의 세계로 들어갔고, 처음에는 해양 동물이 있는 곳을 찾고 관찰하는 법을 배웠으며, 그다음에는 그들을 개성을 가진 존재로 받아들이면서 그들의 삶에서 매우 은밀한 측면들을 관찰했다. 그 결과로 흔히 보는 인상적인 수중 풍경과 초상화뿐만 아니라, 삿갓조개와 총알고둥이 남긴 점액질 자국이나 해변에 밀려온 해초의 산 침출 자국처럼 미묘하고 예술적인 패턴들을 포착한 사진을 얻을 수 있었다.

크레이그의 흥미로운 생물학적 관찰뿐만 아니라, 친구인 로스 프릴링크의 아주 개인적이고 감동적인 글도 이 특별한 사진들에 생명과 예술을 불어넣는 데 큰 도움을 주었다. 프릴링크는 자신이 어떻게 해서 '야생의 황홀경'이라는 크레이그의 특이한 세계에 끌리게 되었는지, 그리고 이 경험이 여러 가지 개인적 문제를 해결하는 데 어떻게 도움을 주었는지 이야기한다.

내가 크레이그를 처음 만난 것은 몇 년 전인데, 그때 그는 자신이 촬영한 수중 사진을 확인하고 해석하는 것을 돕기 위해 내게 다가왔다. 우리는 둘 다 자연계 탐구 열정을 공유하고 있다는 사실을 금방 알아챘고, 해변으로 자주 나가 그곳을 함께 둘러보기 시작했다. 이것은 몹시 기대되는 정기적인 의식이 되었는데, 이를 통해 우리는 조간대를 함께 탐구했고, 그러고 나서 크레이그가 준비한 맛

좋고 원기를 북돋는 계피차와 유기농 간식을 음미하면서 조수 웅덩이에서 발견한 것들에 대해 토론을 했다. 대도시 가장자리에 위치한 동일한 해변을 반복적으로 방문하는데도 거의 언제나 완전히 새로운 종이나 그 종의 행동을 관찰할 수 있다는 사실은 우리 둘 다에게 큰 깨달음이었다. 우리가 오전 탐구 여행에 나섰다가 찍은 사진이 이 책에 많이 실려서 무척 기쁘다. 이 사진들은 그러한 탐구 여행의 기억을 지속시켜줄 뿐만 아니라, 반드시 크루거국립공원이나 세렝게티를 찾아가야만 자연의 경이를 볼 수 있는 건 아니라는 사실을 상기시킨다. 바로 이곳, 우리 집 문 앞에서 특별한 자연의 광경을 볼 수 있다! 크레이그와 가까이 지내면서, 그리고 전문가로서 살아온 나의 삶에서 얻은 가장 큰 깨달음은, 과학계에 알려지지 않은 완전히 새로운 종을 바로 도시 주변의 해안선에서, 그것도 다른 도구 없이 예리한 맨눈과 탐구적인 뇌와 몇 개의 유리병만으로 아주 쉽게 발견할 수 있다는 사실이었다! 크레이그는 사이먼스타운 해안에서 탐구 활동을 하다가 이미 새로운 종을 대여섯 종 발견했고, 지금도 몇 달마다 하나씩 새로운 종을 발견해, 우리가 아무리 열심히 캐내더라도 그곳의 보물 창고가 동날 일이 없음을 확인시켜주었다. 오랜 세월에 걸친 진화와 적응의 산물인 각각의 종은 작은 기적이나 다름없는데, 이 동물들을 처음 살펴보면서 이 종들을 이전에 아무도 본 적이(혹은 적어도 알아챈 적이) 없다는 사실을 깨닫는 것보다 더 큰 스릴은 경험하기 어렵다. 나는 앞으로도 크레이그와 함께 탐구 여행에 나서면서 이러한 흥분을 더 많이 경험하고 공유하길 기대한다.

이 독특한 책을 소개하게 되어 매우 기쁘다. 이 놀라운 사진들

중 일부를 촬영한 장소에 함께 머물면서 발견의 흥분을 공유하게 되어 매우 즐거웠다. 자연을 사랑하는 사람이라면 누구나 이 섬세한 사진들과 그것에 수반된 이야기를 즐길 것이다. 하지만 무엇보다도 나는 이 책이 많은 도시 주민에게 그들의 문 앞에 있는 풍요로운 자연계를 방문해 저자들과 나의 마음을 사로잡고 삶을 크게 변화시킨 '야생의 황홀경'을 경험하도록 자극했으면 좋겠다. 여러분도 뒤처지지 말고 상전벽해와도 같은 이 경험을 맛보길 바란다!

이언 매컬럼

Ian McCallum, 정신과 의사, 작가, 시인

크레이그 포스터가 이 책의 추천사를 부탁했을 때, 나는 기꺼이 그 청을 수락했다. 그의 선구적인 작업과 바다와 함께 광대한 이 파란 야생 자연에 서식하는 동물들을 옹호하는 일에 관여하는 것은 영예로운 일이기 때문이다. 원고를 받기 전까지는 나는 내가 얼마나 자격이 없는 사람인지 전혀 몰랐다. 매 페이지와 경이로운 사진, 캡션, 원고에서 거명된 사람들의 이름을 보니 나는 그 앞에서 한없이 작게만 느껴졌다. 솔직히 말해서, 이 책의 추천사를 쓴다는 것은 내 역량에서 벗어나는 일이다—문자 그대로나 비유적으로나.

나는 바다와 강과 개울에 흥미와 매력을 느끼지만, 물은 나의 전문 영역이 아니다. 나는 헤엄을 칠 줄 알고, 내가 살던 곳의 바다와 호수에서 카약도 탔다. 나는 상어나 파도를 무서워하지 않지만, 깊은 물에서 혼자 헤엄을 치라고 하면, 아무 이유 없이 폐소 공포와 회피 불안감에 휩싸인다. 나도 그러지 않았으면 좋겠다. 나는 손쉽게 물속으로 들어가는 사람이 너무나도 부럽다. 하지만 만약 물속으로 꼭 들어가야만 한다면, 내가 아는 것이 너무나도 없는 세계의

경이와 풍요로움을 확실한 자신감을 갖고 탐구하도록 나를 잘 안내할 만한 사람이 딱 한 명 있다. 그 사람은 바로 크레이그 포스터이다. 이것은 그 자신도 잘 알고 있을 것이다.

몇 주일 전에 나는 물갈퀴와 고글을 빌려 크레이그의 바다 놀이터로 그와 함께 들어갔다. 나는 그에게 나의 두려움을 이야기했다. 크레이그는 자신과 함께 있으면 안전할 것이라고 말했다. 그의 말이 옳았다. 그의 조언대로 내 속에 활활 타오르는 불길이 있어 나를 따뜻하게 해준다는 이미지를 떠올리면서 나는 그와 함께 얕은 곳을 헤엄쳐 지나 켈프 정원 가장자리로 들어갔다. 켈프 숲 바깥쪽 줄기를 따라 아래로 내려갔다. 나는 이전에 이와 비슷한 일을 한 적이 한 번도 없었다. 기분이 아주 좋았다. 나중에 크레이그는 아래쪽 모래에 있는 '뭔가'를 가리켰다. 나는 그가 내게 보여주려고 하는 것이 뭔지 모르겠다는 신호를 보냈다. 우리는 수면 위로 올라갔고, 크레이그는 그것이 문어였다고 말했다.

다시 잠수한 뒤에 크레이그는 모래 쪽을 가리켰다. 이번에도 나는 고개를 저었다. 그는 가까이 다가가 모래를 살짝 찔렀다. 그러자 갑자기 발을 질질 끄는 움직임이 나타났고, 문어 눈이 보였다. 크레이그는 '엄지 척' 신호를 보냈고, 그제서야 나는 추위를 느끼기 시작했는데, 그와 함께 불안감도 왈칵 밀려왔다. 크레이그는 내 손을 잡고 얕은 곳으로 돌아가자고 신호를 보냈다. 바닷속에 들어간 지 벌써 한 시간이나 지났다는 사실이 믿어지지 않았다.

그런데 바닷속 세계에 그토록 정통하고 푹 빠져 있는 사람이 왜 나 같은 풋내기에게 추천사를 써달라고 했을까? 아마도 그 이유는 내가 거의 15년 동안이나 크레이그와 알고 지냈기 때문일 것

이다. 우리가 처음 만난 것은 크레이그가 동생 데이먼 포스터Damon Foster와 함께 만들어 상을 탄 다큐멘터리 〈위대한 춤: 어느 사냥꾼 이야기The Great Dance: A Hunter's Story〉를 심리학적으로 조망해달라고 부탁했을 때였다. 나는 우리가 추적의 기술에 대한 사랑과 흥미를 공유하고, 게다가 인간의 삶에서 상징과 은유의 중요성에 대한 예리한 감각도 공유한다는 사실을 발견했다. 다시 말해서, 우리는 단순히 측정(라틴어 학명과 숫자와 범주로 표시된)만으로 살아가는 것이 아니라, 이름이 붙여지고 숫자가 매겨진 것들이 우리 삶에서 나타내는 것과 그것이 우리에게 의미하는 것을 바탕으로 살아간다.

이런 점들을 생각하자, 왜 내게 이 책의 일부로 동참해달라고 했는지 이해되기 시작했다. 크레이그 포스터와 그의 친구이자 공동 저자인 로스 프릴링크가 해저 세계의 밀물과 썰물 동역학에 정통한 것처럼 나는 내 나름의 방식으로 인간 정신의 야생적 밀물과 썰물 동역학에 정통하다. 바다의 비밀과 숨겨진 깊은 내면을 탐구하고 추적하는 것은 원리적으로 정신의 숨겨진 깊은 내면과 비밀을 탐구하는 것과 다르지 않다. 바다를 존중할 때, 그 생명체들이 사는 공간과 장소를 존중할 때, 바다에 사는 동물들이 자신을 드러낸다. 정신의 진화적 깊이를 존중할 때, 정신이 자신의 진면목을 드러낸다. 위장한 모습으로 한때 수용되고 환영받았던 이미지와 통찰력이 본래의 진면목을 드러낸다. 크레이그가 부드러운 방식으로 나를 자신의 세계로 안내한 것처럼, 나 역시 함께 일하는 사람들을 안내할 때 부드러운 손이 필요하다. 물론 내가 알게 된 새로운 세계는 수박 겉핥기 수준에 지나지 않았지만, 그것은 필요한 것의 시작일 수 있다. 심층 분석 역시 마찬가지다.

이 책《바다의 숲*Sea Change*》은 정말로 독특하고 놀라운 작품이다. 이 책을 보고 나는 깜짝 놀랐다. 이 책은 야생 자연, 여기서는 먼 옛날의 비가 모여서 생겼지만 잊힌 야생 저수지, 즉 바다의 치유 능력을 아주 솔직하게 서술한 개인적이고 감동적인 이야기이다. 윌리엄 셰익스피어William Shakespeare의《템페스트*The Tempest*》에서 따온 이 책의 제목(이 책의 원제는 Sea Change이다.—옮긴이)이 모든 것을 말해준다. 즉, 바다와 바다가 먹여 살리는 것들은 그냥 내버려두면 우리에게 영양분을 공급하고 우리를 변화시킨다.

마지막으로, 이 책은 저자들이 얻고 공유한 겸손과 통찰력으로 우리 세계에서 인간과 나머지 동물들이 앞으로 어떻게 공존해야 하는가에 관해 몇 가지 중요한 질문을 메아리치게 한다.

크레이그와 로스에게 감사하며, 다음 시를 두 사람에게 바친다.

메아리/공명

나는 그저 나 자신을 대변해 말한다.
그렇긴 하지만, 항상 그런 것은 아니다…….
왜냐하면, 나는 그대와 그와 그녀의 말을
얼마나 많이 메아리처럼 되뇌는가?

그리고 산과 개울과
바다…….

나는 그대를 대변하지 않는가?
혹은 그대가 나를 대변하는 것일까?

나는 그저 나 자신만을 대변할 뿐이지만,
그대의 메아리가 내 속에 있다는 걸 안다…….
나는 그대 속에서 고래의 소리를 들을 수 있다…….
그대는 내 속에서 사자의 소리를 들을 수 있는가?

차례

프롤로그

로스 프릴링크

Ross Frylinck

아프리카 남단 바다 밑에는 광대한 숲이 있다. 지구에서 가장 풍요로운 생태계 중 하나인 이곳에는 기이하고 경이로운 동물들이 수많이 살고 있다. 하지만 물이 차갑고 파도가 거칠게 일 때가 많으며, 자동차만큼 큰 상어와 매가오리가 그 가장자리를 유유히 돌아다니기 때문에, 감히 이 해저 숲을 방문하려는 사람은 거의 없다.

어린 시절에 크레이그 포스터는 이 바다가 내려다보이는 목제 방갈로에서 살았다. 아주 어린 나이에 잠수를 배웠고, 얼마 지나지 않아 자신이 '황금 숲'이라고 이름 붙인 이곳에 푹 빠지게 되었다.

나 역시 크레이그의 집에서 멀지 않은 바다 근처에서 자랐고, 같은 켈프 숲에서 잠수를 자주 했다. 나는 백상아리와 큰 수컷 물범과 독이 있는 해파리, 강한 해류가 무서웠지만, 잊을 수 없게 아름다운 해저 숲에 끌렸다.

우리는 내가 30대 후반일 때 처음 만났는데, 크레이그는 그레이트아프리칸시포리스트로 돌아와 (어린 시절에 그랬던 것처럼) 잠수복 없이 맨몸으로 프리다이빙을 했다. 그는 이것이 자유롭게 잠수할 수 있는 유일한 방법이라고 믿었고, 내게도 해보라고 권했다. 나는 추위가 싫어 그러고 싶지 않았지만, 크레이그의 열정에 감염되어 흔들리는 임관林冠 사이로 헤엄치며 돌아다니는 여행에 함께 따라나서기 시작했다.

세월이 지나면서 우리의 우정은 더욱 깊어졌다. 크레이그는 나를 자신의 자신감 속으로 끌어들였고, 자신이 '숲의 마음forest mind'이라고 부른 곳으로 안내하기 시작했다. 크레이그는 칼라하리 사막에서 산족 스승들과 함께 동물을 추적하는 법을 배웠는데, 이제 수중 추적법을 개발하고 있다고 했다. 그는 '추적'을 숲의 생물학적 마음이 작용하는 더 깊은 곳으로 들어가는 방법이라고 설명했다. 나는 크레이그를 잘 봐주어야 기인에 불과하다고 생각했지만, 그와 함께 잠수를 계속했다.

놀랍게도 크레이그는 경이로운 발견을 속속 이루었고, 그 때문에 세계적으로 유명한 일부 과학자들의 관심을 끌었다. 그는 계속해서 자신의 발견을 나와 공유했고, 내 눈에도 곧 기묘하고 수수께끼에 싸인 동물들의 비밀스러운 세계가 보이기 시작했다.

나는 냄새로 앞을 보고 전기를 사용해 사냥을 하는 동물과 햇빛 에너지를 이용해 몸속에서 스스로 영양분을 만드는 동물을 발견하고서 경이로움을 느꼈다. 나는 공기를 호흡하며 물 밖에서 사냥을 하는 물고기도 보았고, 다른 종과 아주 비슷하게 보이도록 흉내를 내고 독창적인 방식으로 도구를 사용하는 동물도 보았다. 나는 색과 질감으로 표현하는 비밀 언어를 배우기 시작했고, 우리가 믿고 있던 것에서 벗어나는 행동들을 목격했다.

크레이그는 사진도 찍었는데, 그러면서 아마도 세상에서 가장 인상적인 시포리스트 이미지를 만들었다. 그는 매일 추위를 견뎌내며 의무적으로 잠수해 사진을 찍고 생물학을 연구하는 이 헌신적인 일이 자신의 몸과 마음을 변화시킨다는 사실을 발견했다. 나도 사진을 찍기 시작했고, 매일 헌신적인 습관처럼 잠수를 했다.

바다의 야생 자연에 몰입하는 활동이 나를 변화시킨다는 사실을 발견했지만, 그 변화는 다소 기묘하고 곤혹스러운 방식으로 일어났다. 그때까지 살아온 거의 모든 시간 동안 얼어붙은 채 망각되었던 기억과 본능이 녹기 시작했고, 내가 이해하지도 제어하지도 못했던 힘들이 깨어나기 시작했다.

나는 인내의 한계와 이질적인 세계로 떠밀렸는데, 그 세계는 경이로웠지만 솔직하게 말하면 때로는 두려움을 불러일으켰다. 이 세계에서는 나의 믿음 중 많은 것이 녹아내렸고, 내가 당연하게 여겨온 경계들이 더 이상 존재하지 않았다. 잃어버린 아버지의 이미지가 강렬하게 떠오르기 시작했고, 나는 아버지를 다시 찾으려는 노력을 기울이기로 결심했다. 이 결심은 나를 친구와 함께 바다와 내 정신에서 길들여지지 않은 영역을 향해 나아가는 광란의 여행으로 휘몰아갔다.

나는 몇 년간의 이 기묘한 경험을 공개적으로 글로 표현하려고 노력했는데, 이 이야기가 여러분에게도 흥미로웠으면 좋겠다. 이 책을 만들기 위해 크레이그와 함께 노력한 시간은 큰 즐거움이었다. 나는 여러분이 그의 캡션과 사진에 홀딱 반하리라고 확신한다.

마지막으로, 나는 이 책을 통해 여러분이 바다와 더 깊이 연결되고, 내가 야생의 정수라고 믿는 경이로움과 자유로움을 경험하길 바란다.

1부

○

추위와 두려움

인도양을 가로지르며 건너온 찬바람이 남아프리카 공화국 폭풍의 곶(1488년에 이 곶을 처음 발견한 포르투갈 항해가 바르톨로메우 디아스Bartolomeu Dias는 주변 해역이 몹시 거친 것에 착안해 폭풍의 곶이라 이름 붙였지만, 이 이름은 나중에 희망봉으로 바뀌었다.—옮긴이)에 몰아치고, 바위 위에 걸터앉아 있던 갈매기들이 아래로 떨어진다. 반바지 차림으로 물가에 선 나는 갈매기들이 섬세한 회색 날개를 펼치면서 기류를 타고 손쉽게 날아오른 뒤 다시 바위 위에 내려앉아 머리를 깃털에 파묻는 모습을 지켜본다.

크레이그 포스터는 1미터쯤 앞에서 소용돌이치는 바닷물에 무릎 높이까지 잠긴 채 자신의 마스크에 침을 뱉고 그것을 얕은 바닷물에 헹구면서 곁눈질로 쳐다본다. 자신의 마스크에는 렌즈가 붙어 있는데, 그것을 사용하지 않으면 거의 아무것도 보이지 않는다고 한다. 크레이그는 키가 1.9미터나 되는 거구이지만, 왼쪽 어깨에 남은 기다란 수술 흉터는 그의 취약성을 드러낸다. 나는 이 흉터가 40대 중반에 럭비를 하다가 입은 부상 때문에 생겼을 거라고 추측한다.

바다 저 멀리 수평선 위로 불길한 폭풍 구름이 점점 불어나고 있다. 첫 번째 빗방울이 피부를 찌르는 순간, 팔의 털이 곤두섰다. 발에 통증을 느꼈는데, 그제서야 내가 껍데기가 날카로운 홍합들을 밟고 서 있다는 사실을 깨닫고 죄책감을 느꼈다. 홍합들이 바스라지지 않았길 바라면서 얼른 체중을 옮겼다.

그런데 나는 도대체 왜 이곳에 있을까? 나는 잘 알지도 못하는 이 남자를 따라 이 겨울철에 상어를 보려고 차가운 해저 숲으로 들어가려 하고 있다. 게다가 이 사람은 잠수복 없이 잠수를 해야 한다고 고집한다. 나는 아직 물에 들어가지도 않았는데, 이미 추워서 부들부들 떨고 있다. 나는 거의 평생 동안 케이프타운 부근의 차가운 바다에서 수영과 서핑과 잠수를 해왔기 때문에 추위가 낯설지는 않지만, 늘 두꺼운 장갑과 후드 재킷과 장화를 착용하고 눈과 코만 노출한 채 물속에 들어갔다. 나는 추운 게 정말로 싫었다. 상어도 추위만큼 싫지는 않았다. 서퍼인 나는 상어가 늘 위협적인 존재라는 사실을 알고 있었다. 이곳 바다에서 상어가 사람을 공격하는 사건은 거의 매년 일어난다.

나는 지난 몇 년 동안 크레이그와 몇 번 마주쳤고, 자연사 영화 제작자라는 직업 때문에 그의 작품을 찾아서 보았다. 그러다가 어느 영화제에서 그를 만나 혼잡한 영화관 복도에서 짧은 대화를 나누었는데, 그는 폴스만의 켈프 숲에서 매일 혼자 수영을 한다고 말했다. 나는 도대체 왜 그 추운 해저 숲에서 매일 혼자서 수영을 할까 하고 의아한 생각이 들었다. 아무리 생각해도 무의미한 짓 같았지만, 바로 이 때문에 나는 큰 호기심을 느꼈다.

그 이유를 묻자, 그는 잠시 입을 다물고 기묘한 시선으로 나를 뚫어질 듯이 바라보더니 "시포리스스트가 나를 부르거든요."라고 말하면서 그렇게 믿는다고 했다. 군중이 흩어지고 난 뒤까지 이어진 침묵 속에서 나는 적절한 말이 떠오르지 않았다. 그의 파란 눈을 응시하면서 어색하게 서 있었는데, 그러다가 마침내 크레이그가 그곳에 가서 함께 헤엄을 치자는 말로 긴장을 풀어주어서 내심 안도했다. 달리 더 좋은 말이 떠오르지 않은 나는 그 제안을 수락하고 날짜를 잡았다.

지금 이곳 바위 위에 서 있는 나는 그 결정을 후회했지만 이미 때가 늦었다. 나는 잠수용 시계를 만지고 있는 크레이그와 합류하기 위해 마음을 다잡고 바다로 걸어 들어가면서 얼굴을 찡그렸다. 뭘 하고 있느냐고 묻자, 크레이그는 자신은 깊이, 온도, 잠수 시간 등 모든 잠수 내용을 기록한다고 대답했다. 그리고 무심코 지금 온도가 13℃라고 말했지만, 그는 이 유쾌하지 않은 사실에 전혀 개의치 않는 것처럼 보였으므로, 나는 불길한 생각을 혼자 마음속에 묻어두기로 했다.

막 잠수하려고 하는 순간, 발밑의 깨끗한 물속에서 뭔가 번쩍이며 휙 지나갔다. 크레이그가 허리를 구부리더니 물속에서 작은 물고기를 홱 낚아채 물 밖으로 끄집어냈다. 물고기를 자세히 살펴보면서 크레이그도 방금 자신이 한 일에 놀란 듯 약간 어리둥절한 표정을 지었다. 반짝이는 작은 물고기를 내게 보여주면서 큰학치라고 말한 뒤 다시 놓아주었다. 나는 경이로움을 느꼈다. 정말로 방금 그런 일이 일어났다고? 지금 내가 본 것이 누가 맨손으로 물속에서 물고기를 잡는 장면이었단 말인가? 나는 그것을 더 깊이 생각할 시간이 없었는데, 크레이그가 물속으로 들어가 사라졌기 때문이다. 혼자 뒤에 남겨지길 원치 않았기 때문에 나도 허겁지겁 그 뒤를 따라갔다.

수면 아래로 내려가자 한기가 온몸을 짓눌렀고, 처음 몇 분 동안 나는 격렬한 내전 상태에 빠졌다. 다시 밖으로 나가고 싶은 충동이 미친 듯이 치솟았지만, 자부심으로 간신히 그것을 억누르고 크레이그를 따라 그레이트아프리칸시포리스트로 깊숙이 들어갔다. 아이스크림 두통(아이스크림이나 얼음 등 차가운 것을 먹은 직후 느끼는 두통—옮긴이)이 관자놀이를 사정없이 두들겨댔고, 고무 스노클을 너무 꽉 무는 바람에 잇몸에 상처까지 났다. 크레이그 뒤를 바짝 따라가면서 나는 발길질을 하는 그의 발바닥이 일으키는 거품에 집중했다. 나의 세계는 단 네 가지 삭막한 요소로 압축되었다. 그것은 추위와 거품, 크레이그의 하얀 발바닥, 크게 증폭된 내 숨소리였다.

크레이그는 몇 주일 동안 점박이협곡상어spotted gully shark 떼를 추적해왔는데, 이 상어들을 내게 보여줄 생각에 신이 난 것 같았다. 그는 이 상어들을 숲 가장자리에서 발견할 것이라고 예상했고, 그래서 우리는 바다 쪽으로 300미터쯤 헤엄쳐 갔는데, 그곳은 켈프가 드문드문 널려 있었으며 수심이 깊어 어두웠다. 숲 속의 빈터에서 잠깐 쉬는 동안 몸이 좀 따뜻해졌다는 사실을 깨닫고 깜짝 놀랐다. 나는 딱총새우가 찰칵거리는 소리에 귀를 기울였고, 커다란 레드로만red roman(남아프리카 공화국에 서식하는 식용 물고기—옮긴이)이 몇 미터 앞에서 지나가는 것을 지켜보았다. 우리는 서로를 한참 바라보았는데, 마침내 물고기가 나를 경멸하는 듯한 눈초리로 쏘아보고는 어둠 속으로 사라졌다.

십대 시절에 나는 친구들과 함께 가재를 잡으려고 이곳 바다에서 가끔 잠수를 했다. 나는 무성한 켈프 숲 속에서 편안함을 느꼈고, 아직까지는 놀랍도록 숨을 잘 참고 있었다. 크레이그와 함께 상어를 찾기 위해 10미터 아래까지 내려가 귀의 압력을 조절하면서 기다란 켈프 줄기를 붙잡고 머무는 것은 그다지 어렵지 않았다. 얼마 지나지 않아 흔들리는 숲 사이로 미끄러져 지나가는 그림자들이 어른거렸고, 그 순간 우리는 찾던 목표물을 발견했다는 사실을 알았다.

나는 그 야생의 우아함에 홀려 최면에 빠진 듯했다. 상어들은 우리에게 신경도 쓰지 않았지만, 나는 그들이 우리의 존재를 너무나도 잘 파악한다는 사실을 알고 있었다. 물속에서 자유롭게 움직이는 상어들을 지켜보며 즐기는 동안 평소에 복잡했던 머릿속이 텅 빈 것처럼 느껴졌다. 나는 동작을 멈추고 내 머리 위로 '나무들' 사이를 지나가는 상어를 올려다보았다. 그보다 더 위에서는 빗방울이 수면을 때리면서 폭풍 구름이 지나갔다. 그것은 비현실적일 정도로 아름다웠고, 행복감이 파도처럼 굽이치며 전신을 훑고 지나갔다. 잠시 후 레드로만이 많은 호텐토트도미hottentot seabream 떼와 함께 돌아왔는데, 이들은 모두 나를 쳐다보았다. 나도 그들을 맞받아 쳐다보면서 종과 종 사이의 거대한 간극을 느꼈다.

얼마나 추운지 깨닫는 순간, 마법이 풀렸다. 손가락은 기형의 갈고리 모양으로 구부러졌고 혈액 부족으로 거의 반투명하게 변했

나의 세계는 단 네 가지
삭막한 요소로 압축되었다.
그것은 추위와 거품, 크레이그의 하얀 발바닥,
크게 증폭된 내 숨소리였다.

다. 헤엄을 치기 위해 손가락을 곧게 펴려고 했지만, 메시지가 제대로 전달되지 않았고 손가락은 그대로 구부러진 채 남아 있었다. 나는 약간 공포에 질려 손가락을 쳐다보다가 턱도 덜덜 떨린다는 사실을 깨달았다. 마치 갑자기 내 위에서 철문이 쾅 닫히고 모든 마법이 연기처럼 사라진 것처럼 보였다. 나는 몹시 춥고 두려웠으며, 즉시 물 밖으로 나가지 않으면 안 된다는 생각이 들었다.

나는 크레이그에게 돌아가겠다고 몸짓으로 알리고 나서 힘들게 헤엄치며 바닷가로 향했다. 팔에 감각이 하나도 없어 내 팔이 물속으로 들어갔다 나왔다 하는 동작이 마치 영화 속에서 펼쳐지는 장면처럼 보였다. 바위 위로 올라가는 것조차 너무 힘들었다. 마치 추위에 취한 것 같은 느낌이었고, 찬바람이 나를 바위 가장자리 너머로 밀어내려고 했다. 비틀거리며 두 발로 선 나는 사력을 다해 꺼져가는 의지를 끌어모아 다운재킷을 걸쳐 입었다. 감각을 잃고 짠물에 전 팔이 재킷에 끼여 제대로 움직이지도 못했고, 간신히 재킷을 걸치고 나자마자 탈진하고 말았다. 지퍼를 끌어올리려 했지만, 손이 너무나도 심하게 후들거려 포기했다. 크레이그가 다가와 지퍼를 올려주었다. 그의 손동작이 매우 차분하다는 사실이 경탄스러웠다.

크레이그는 혼자 낄낄거리면서 내게 들키지 않으려고 애썼다. 왜 웃느냐고 묻자, 그는 내 사타구니를 가리켰다. 내가 바지에 오줌을 지렸던 것이다. 처음에는 창피함이, 그다음에는 분노가 머릿속을 스쳐 지나갔지만, 소리 죽여 낄낄거리던 크레이그의 웃음이 천진난만한 웃음으로 터져나오자, 나도 모르게 따라서 크게 웃기 시작했다. 그러고 나서 나는 총에 맞은 듯이 근처 덤불에 쓰러지고 말았다. 한동안 그대로 누운 채 떨림이 계속되는 것을 방치했다. 노부부와 늙은 테리어가 곁을 지나갔지만, 그들은 현명하게도 우리를 못 본 척하고 지나갔다. 마침내 기운을 차린 나는 비가 쏟아지는 가운데 크레이그와 함께 산에 있는 그의 집으로 올라갔다.

크레이그는 아내 스와티 티야가라잔Swati Thiyagarajan과 함께 폴스만 위쪽 가파른 산비탈 끝자락에 위태롭게 붙어 있는, 돌과 나무로 지은 집에서 산다. 집으로 다가가다 보니 돌과 욋가지로 엮어 세운 높은 담장이 나타났다. 초원에서 소 우리를 보호하는 것과 비슷한 종류의 담장이었다. 이와 같은 교외 풍경에서는 특이한 정면이었는데, 바로 옆에 있는 이웃의 외장 벽돌 담과 비교하면 특히 그랬다. 정문에는 커다란 넘넘(남아프리카가 원산인 협죽도과 관목—옮긴이)이 서 있었는데, 우리는 집 안으로 들어서기 전에 시금털털한 맛이 나는 빨간색 열매를 조금 따서 먹었다.

그의 집을 향해 나무가 늘어선 길을 따라 걸어갈 때, 커다란 구형의 돌들이 죽 늘어서 있는 광경이 눈에 들어왔는데, 일부 돌에는 흥미로운 그림이 새겨져 있었다. 그것은 미스터리 서클 패턴을 연상시켰다. 그 돌들에 대해 묻자, 크레이그는 치과용 드릴로 그림을 새겨 넣는 데 거의 1년이 걸렸다고 했다. 나는 그런 일에 1년의 시간을 쏟아붓는 게 기이하다고 생각했지만, 더 이상 묻지 않기로 했다. 현관 앞으로 다가가자, 비바람에 삭은 것처럼 보이는 잡다한 잠수 용구들이 갈고리에 매달린 채 시렁 위에 놓여 있었다. 그리고 그 밑에는 썩어가는 거대한 다랑어 머리가 놓여 있었는데, 흐릿한 그 눈은 멍하니 하늘을 바라보고 있었다.

나는 집 내부의 인테리어에 깜짝 놀랐는데, 수천 점의 뼈와 조가비, 가죽, 원주민의 인공 유물로 가득 차 있었다. 기묘한 머리뼈가 나를 가까이 끌어당겼다. 그것은 사슴 머리뼈일 수도 있었으나, 아주 야비해 보이는 한 쌍의 송곳니 때문에 전설 속의 동물 같은 인상을 풍겼다. 나는 다른 것도 더 자세히 살펴보고 싶었지만, 온몸이 젖은 데다 덜덜 떨고 있었기 때문에, 우리는 옷을 벗고 집 옆에 붙어 있는 작은 사우나로 올라갔다. 날이 어두워지는 동안 우리는 저 아래 바다 위로 폭풍이 지나가는 풍경을 지켜보았다. 크레이그는 데워진 돌들 위에 물 약간과 박하유 몇 방울을 부었고, 몸이 따뜻해지자 우리는 대화를 나누기 시작했다.

나는 케이프반도에서, 그것도 거기서 불과 몇 킬로미터 떨어진 피시후크에서 자랐다고 이야기했다. 바람이 많이 불고 보기 흉한 아파르트헤이트 건축물이 많은 이 보수적인 계곡 도시는 산과 풍파로부터 잘 보호된 해변 말고는 별로 특별한 게 없었다. 이곳 해변에서 나는 케이프반도와 그 해안선을 따라 늘어선 켈프 숲과 사랑에 빠졌다.

크레이그도 어릴 때부터 이 바다에 푹 빠졌다고 했다. 태어난 지 사흘이 지났을 때, 부모는 그를 바다에서 30미터 떨어진 작은 목제 방갈로로 데려갔다. 아버지는 세례를 위해 크레이그를 켈프 숲으로 데려가 얼음장 같은 물에 살짝 담갔다. 나처럼 크레이그도 아주 어릴 때부터 잠수를 시작했고, 암석 해안을 훑으면서 오래된 인공 유물을 찾고 클립비스klipvis(남아프리카 공화국에만 고유하게 서식하는 클리누스과 물고기. 영어 이름을 따 클립피시라고도 한다.—옮긴이)와 게를 잡으며 어린 시절을 보냈다. 한밤중에 문을 두들겨 부수면서 침실을 물에 잠기게 한 너울성 파도에 잠을 깬 적도 있다고 했다.

우리는 둘 다 바다의 야생 자연을 그렇게 이른 나이에 접한 것이 큰 행운이라는 사실과 우리의 경력이 그 시절의 경험에 뿌리를 두고 있다는 사실을 알았다. 나는 오래전부터 해양 보전을 위한 일을 해왔고, 크레이그는 야생에서의 생존과 자신이 '원래의 설계original design'라 부르는 것에 오랜 세월 동안 관심을 쏟았다. 정서적 붕괴를 겪은 그가 케이프반도와 바다로 되돌아온 것은 바로 이 관심 때문이었다.

크레이그는 자신의 이혼에 대해, 그리고 아내와 어린 아들을 떠난 슬픔과 죄책감 때문에 자신의 삶이 얼마나 망가졌는지 거리낌없이 이야기했다. 그는 2년 동안 전 세계를 여행하면서 상어와 함께 잠수하고 부드러운 접촉을 통해 상어를 최면에 빠뜨리는 방법을 촬영했다고 한다. 망망대해에서 거대한 뱀상어 등 위에 올라타 달리기도 하고, 거대한 백상아리 다섯 마리 사이에서 공포를 느끼며 자유롭게 헤엄을 치기도 하면서 세상에서 가장 큰 포식 동물들과 상호 작용하는 법을 배웠다. 그리고 다음번 다큐멘터리 촬영 때에는 용의 굴 속으로 들어가는 모험을 감행했는데, 오카방고 삼각주에서 세계 최초로 나일악어들과 함께 잠수하는 다큐멘터리를 촬영했다.

이 다큐멘터리 촬영에 관련된 일화를 들으면서 나는 믿기 힘든 그 이야기에 전율을 느꼈다. 크레이그는 갈대숲 아래의 어둡고 길고 좁은 수중 터널을 헤엄쳐 지나가다가 마침내 거대한 나일악어의 은신처에 도착했다. 길이가 5미터나 되는 황금색 용은 동굴 뒤쪽에서 눈도 깜빡이지 않고 그를 노려보았는데, 이 서사시적 장면을 촬영해야겠다고 마음먹기까지는 몇 초가 걸렸다. 그는 훗날 용의 굴로 들어가고서도 살아남아 그 이야기를 들려주는 사람은 자신이 처음이 아닐까 하는 생각이 들었다고 한다. 그의 팀은 다행히도 아무 해도 입지 않았지만, 다음번 잠수부들은 운이 좋지 못했다. 크레이그의 탐사 이야기를 들은 한 모험 스포츠 회사는 습지에서 악어와 함께 잠수하는 여행 상품을 기획했다. 첫 번째 여행 때 한 잠수부가 거대한 악어의 공격을 받아 한쪽 팔이 어깻죽지에서 떨어져나갔다.

오카방고 다큐멘터리는 큰 성공을 거두었지만, 크레이그는 다른 사람이 따라 해서는 안 되는 위험을 감수했다는 사실을 깨달았고, 그토록 심한 스트레스 상황에 놓였던 경험 때문에 오랫동안 혹독한 대가를 치렀다. 그 결과로 육체적으로나 감정적으로 고갈 상태에 빠졌다. 과체중에 병까지 걸리면서 불행을 느낀 크레이그는 어떤 의사나 치료사도 제공할 수 없는 치유가 필요하다는 사실을 깨달았다. 케이프반도로 거주지를 옮겨 가까이 있는 케이프포인트 자연 보호 구역의 해안선을 따라 혼자 걸으면서 몇 달을 보냈다. 걷기에서 수영으로 전환하면서 이내 기분이 좋아졌다. 나는 크레이그를 정서적으로 거리감이 느껴지는 사람으로 기억하고 있었는데, 이제 그는 건강한 신체를 되찾고 따뜻하고 잘 웃는 사람으로 변했다.

나 역시 개인적으로 느린 속도로 일어나는 인생의 추락을 경험하고 있었다. 나는 얼마 전에 자바에서 돌아왔는데, 그곳에서 보낸 서핑 여행이 큰 불행으로 끝났다. 아홉 살이던 아들 조지프가 뎅기열에 걸렸는데, 뎅기열은 아시아에서 주요 아동 사망 원인 중 하나이다. 우리는 의료 시설에서 멀리 떨어진 정글에서 불안한 일주일을 보냈다. 만약 일이 정말로 잘못된다면, 아들이 내출혈로 사망할 수 있다는 사실을 알고 있었다. 그러지 않아도 조산아로 태어나 몸이 약했던 아들을 왜 그토록 외딴 장소로 데려갔을까 하는 죄책감에 시달리는 한편으로 아들의 장례식 추도사를 생각하면서 잠 못 이루는 밤들을 그 정글에서 보냈다. 조지프는 정상 출산일보다 석 달 일찍 태어났고 출생 체중이 겨우 900그램에 불과했다. 나는 크레이그에게 결혼반지를 아들 다리에 끼워보았는데, 곧장 넓적다리 위쪽까지 올라가는 걸 보고 큰 두려움을 느꼈다고 말했다.

아내 저스틴과 함께 신생아 중환자실 병동에서 두 달을 보냈고, 하루 중 15시간 동안 교대로 조지프를 가슴에 안으면서 활력 징후를 보여주는 모니터를 강박적으로 쳐다보았다. 나는 그때까지 작은 유리 용기 속에서 살려고 버둥대는 아기를 본 적이 없었고, 그렇게 작고 연약한 아기에게 수술을 해야 한다는 사실을 믿을 수 없었다. 그 당시의 공포는 내 정신 깊숙한 곳에 눌어붙었다. 마치 내 마음이 몸에서 떠난 것처럼 느껴졌다. 18개월 뒤에도 그 공포의 그림자가 여전히 나를 덮쳤다.

사우나를 마친 뒤, 크레이그는 물소 젖과 누 고기를 간식으로 권했는데, 우리는 그것을 미소 페이스트와 함께 먹었다. 아주 맛있었다. 이제 나는 완전히 기진맥진한 상태에 빠졌고, 이 기묘한 거인도 더 이상 전혀 놀랍게 느껴지지 않았다. 차를 몰고 케이프타운 중

나는 동작을 멈추고 내 머리 위로
'나무들' 사이를 지나가는 상어를 올려다보았다.
그보다 더 위에서는 빗방울이 수면을 때리면서
폭풍 구름이 지나갔다. 그것은 비현실적일 정도로
아름다웠고, 행복감이 파도처럼 굽이치며
전신을 훑고 지나갔다.

심부에 있는 집으로 돌아오는 긴 여행 동안 나는 마치 내면을 깨끗이 씻어낸 것처럼 이전보다 훨씬 깨끗해진 듯한 느낌이 들었다. 감각이 전보다 훨씬 예민해졌고, 마치 내 차에 고가의 새 음향 시스템을 설치한 것 같았다. 그만큼 오디오가 훨씬 잘 들렸다. 어둡고 텅 빈 해안 도로를 달리다가 몇 달 만에 처음으로 행복을 느껴 비가 내리는 가운데 저절로 내 입에서 노래가 흘러나왔다.

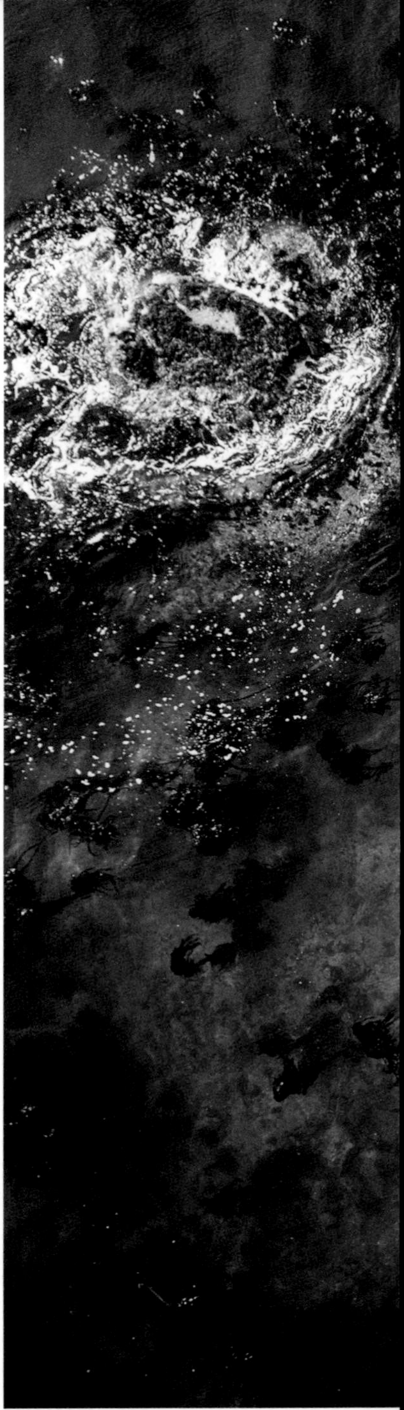

○

로스가 잠수에 처음 동행했을 때, 나는 이미 그레이트아프리칸시포리스트에서 3년 동안 수영을 해왔다. 처음 1년 동안은 차가운 물에서 수영을 하는 경험은 상쾌하긴 했지만 힘겨웠고, 잠수는 매번 통제할 수 없이 덜덜 떠는 것으로 끝났다. 대서양에서 솟아오르는 수정처럼 맑은 물은 대개 차가운데, 때로는 수온이 9℃까지 내려간다. 처음에는 잠수복을 입지 않고 물속에 들어가 평정심을 유지하기가 매우 어려웠다. 차가운 물속에 들어가면, 처음에는 피부가 화끈거리고 그다음에는 손과 발의 감각이 없어진다. 차가움은 뚫을 수 없는 강철 벽과 같다.

결국에는 많은 요소의 결합을 통해 이 장벽을 돌파할 수 있었다. 먼저 생물학적 차원에서 내 몸은 갈색 지방 조직을 재건했다. 갈색 지방은 몸속 곳곳에 작은 덩어리 상태로 존재하는 물질로, 천연 히터와 같은 역할을 한다. 아기는 태어날 때 갈색 지방이 많아 추위에 떨지 않는다. 우리가 자라면서 한랭 스트레스에 노출되지 않으면 갈색 지방이 줄어든다. 또 한 가지 요소는 '추위를 극복하려는 정신력'이다. 나는 마음으로 열을 방출하는 법과 물속에서 따뜻함과 차가움의 주기를 반복하는 법을 배웠으며, 때로는 10℃의 물속에서 오랫동안 머문 뒤에 황홀한 열파를 느꼈다. 그리고 1년쯤 지난 뒤에는 떨림이 갑자기 멈췄다.

○

대다수 동물은 저온 열 발생cold thermogenesis을 사용하는데, 이것은 몸이 체온을 조절하고 높이기 위해 사용하는 자연스러운 방법이다. 가마우지는 매일 잠수를 하기 전에 체온을 2℃ 정도 올린다. 이것은 초능력이 아니라 매우 정상적인 능력이며, 나는 인간이 지닌 도구 중 중요한 일부라고 생각한다.

무엇보다 가장 큰 변화는 건강이 크게 좋아진 것이다. 3년 동안 매일 차가운 물에서 잠수를 했더니, 고질적인 흉부 감염과 감기와 독감이 거의 완전히 사라졌고, 발목과 아킬레스건 부상이 기적적으로 나아 10년 동안 중단했던 스쿼시를 다시 할 수 있게 되었다. 나는 우리 몸이 빙하기에 남아프리카에서 진화했다고 믿는다. 호르몬계와 혈관계를 비롯해 우리 몸의 많은 계는 제대로 기능하려면 한랭 스트레스 방아쇠가 필요하다. 이 방아쇠가 없으면, 우리 몸은 활력을 잃고 면역계가 고갈된다. 뇌의 기능도 저온에 노출된 뒤에 분비되는 일상적인 화학 물질 칵테일에 자극을 받는 것으로 보인다. 이 분비 물질은 나의 기분을 크게 북돋웠고, 수중 추적 작업의 복잡성을 파악하는 데 도움을 주었다. 그것은 내가 육지에서 다년간 시도했지만 실패했던 일이었다.

차가운 물에서 잠수하는 것은 처음에는 아주 외로운 경험이었다. 하지만 나는 시포리스트에 서식하는 기묘한 동물들을 서서히 알게 되었고, 나중에는 로스가 매주 한 번씩 잠수에 동행했다. 나는 10년 동안 일 년 365일 내내 잠수를 한 번도 빠지지 않고 해왔고, 켈프 숲은 깊은 자연과 어린 시절부터 기억하는 깊은 소속감으로 안내하는 입구가 되었다.

○

그레이트아프리칸시포리스트는 처음에는 나나 로스에게 어디나 거의 똑같아 보였지만, 그 비밀을 일부 알게 되자 서로 다른 부분들이 구별되기 시작했다. 새로 빽빽하게 자라난 숲은 매끈하고 미끌미끌하며, 너무 무성하여 그 사이로 지나가려면 상당히 애를 먹는다. 오래된 숲은 일반적으로 더 성긴 편이지만, 그 줄기에 따개비처럼 날카로운 종들이 붙어 자라고 있어 거기에 긁히지 않도록 조심해야 한다. 나는 숲 가장자리를 좋아하는데, 무성하게 자란 조류藻類가 벽을 이루고 있는 경우가 많다. 내가 가장 좋아하는 장소 중 하나는 '마법의 숲'이라고 부르는 곳인데, 켈프의 일종인 감태와 모자반이 섞여 있다. 엽상체 뒤쪽에서 햇살이 비칠 때 이곳 물속에서 헤엄치며 날아다니면 정말로 마법의 장소 같은 기분이 든다. 가끔 오래된 숲과 새로운 숲을 포함해 숲 전체가 '안개 낀 숲'으로 변할 때가 있다. 물속의 영양 물질 농도가 높을 때 이런 일이 일어나는데, 이때 이곳을 잠수하면 짙은 안개 속에서 거대한 조류 유령들에게 둘러싸인 채 떠다니는 기분이 든다.

오른쪽 이곳은 로스와 내가 처음으로 함께 잠수한 장소이다. 해양 보호 구역 안에 있는 오래된 숲의 일부이다. 이곳은 산호초 물고기인 레드로만이 아직도 건강하게 살아가는 모습을 볼 수 있는 극소수 장소 중 하나이다. 무리 중에서 가장 큰 물고기는 항상 수컷이다. 수컷이 죽고 나면, 가장 큰 암컷이 신비하게도 성이 바뀌면서 무리를 이끈다.

52-53쪽 로스와 나는 더 멀리 나아가다가 점박이협곡상어 떼를 만났다. 점박이협곡상어는 몸길이가 2미터까지 자라며, 사람을 피하는 무해한 동물이다. 상어들이 주위에 있을 때 우리는 움직이지 않으려고 노력했는데, 가끔 상어들은 우리 마스크에서 몇 센티미터 이내 거리까지 다가왔다.

몸과 마음이 가벼워지고 선명해지고 깨끗해진 느낌은 며칠 동안 계속 남아 있었고, 그 느낌이 지나간 뒤에 나는 이 기묘한 경험에 대해 깊이 생각했다. 나는 크레이그를 다시 만날 생각이 없었고, 그날의 경험은 몇 주일 동안 화제가 되었다가 결국 사라지고 말 기묘한 종류의 조우라고 생각했다. 그런데 며칠 뒤에 크레이그가 갑자기 일반 전화로 전화를 걸어왔고, 우리는 그 후로 오랫동안 이어진 전화 대화 중 첫 번째 대화를 나누었다. 크레이그는 내가 잠수를 한 경험이 어떠했는지, 그리고 특히 그 뒤에 무엇을 느꼈는지 알고 싶어 했다. 그는 내 기분 변화에 기뻐하는 것처럼 보였고, 저온이 호르몬계를 급진적으로 변화시켜 우리 몸을 원래의 설계와 일치하도록 만드는 방식을 연구하고 있다고 말했다. 통화가 끝날 무렵에 크레이그는 친구 대니Danny와 함께 하기로 한 수영에 나를 초대했고, 나는 초대에 응했다.

나는 바위 위에 서서 또 한 번 바닷속으로 뛰어들 준비를 했다. 딴 사람의 잘못이 아니라 스스로의 잘못으로 다시 추위와 두려움에 떨면서 그곳에 서 있는 나 자신을 비웃어야 마땅했다. 그래도 햇살이 환하게 내리쬐었고, 물은 전보다 조금 더 매력적으로 보였다. 크레이그는 몸을 따뜻하게 하기 위해 툼모Tummo 호흡법(체내에서 열을 만드는 티베트 불교의 호흡법—옮긴이)을 시도해보지 않겠느냐고 물었다. 그러면서 일종의 과호흡 기술 시범을 보였는데, 요가의 불 호흡과 비슷해 보였다. 나는 전에 툼모 승려들이 히말라야산맥 야외에서 밤중에 얼어붙은 시트를 동이 트기 전까지 누가 먼저 말리는지 겨룰 때 이 방법을 사용한다는 이야기를 들은 적이 있다. 우리는 이 호흡법을 몇 차례 반복했고, 나는 가슴 속에서 활활 타는 불길을 상상하려고 애썼지만 전혀 성공하지 못했다.

그 호흡법으로 어지럼증만 느끼고 몸은 전혀 따뜻해지지 않은 채 나는 미끌미끌한 바위 위에서 대니와 크레이그와 함께 몸의 균형을 잡았다. 그들은 파도가 치솟을 때 점프를 했고 금방 물살에 휩쓸려갔다. 나도 그 뒤를 따랐고, 우리는 곧 시포리스트를 가로지르며 헤엄을 쳤는데, 시포리스트는 하늘에 낮게 뜬 태양의 빛을 받아 황금색으로 빛났다. 키 큰 켈프 줄기들을 헤치며 우리는 계속 나아갔다. 군데군데 켈프가 아주 무성한 곳이 있어 두꺼운 황금색 엽상체를 밀거나 끌어당기며 지나가야 했다. 그러다가 지친 나는 물속으로 잠수를 해 바닥에서 수십 센티미터 위로 헤엄을 치며 산호초를 뒤덮고 있는 아름다운 산호말과 바위딱지를 즐겼다. 임관 사이로 새어 들어온 빛이 사이키델릭 조명처럼 비치면서 네온색으로 빛나는 성게와 불가사리 위에서 춤을 췄다. 나는 모자반 사이에서 아름다운 무늬의 커다란 슈퍼클립비스를 보았는데, 그 녀석도 내가 지나가는 동안 곤충의 눈을 닮은 노란색 눈으로 나를 강렬하게 쏘아보았다.

해변에서 멀지 않은 얕은 곳에서 우리는 파자마상어(두툽상어과의 한 종)를 만났다. 파자마상어는 켈프 사이에서 뱀처럼 헤엄치고 있었는데, 작은 크기에도 불구하고 강한 힘을 내뿜었다. 크레이그와 대니가 그 옆으로 다가갔고, 크레이그가 그 '코'를 살짝 만졌다. 상어는 헤엄을 멈추고 그의 손 안에서 편안하게 머물렀다. 나는 어릴 때 동굴 속에서 잠자는 파자마상어를 본 적이 있고, 가재를 찾으려고 어두운 구멍 속으로 팔을 밀어 넣다가 파자마상어를 놀라게 한 적도 가끔 있었다. 그것은 항상 충격적인 경험이었고, 나는 파자마상어의 날카로운 이빨을 조심했다. 나는 파자마상어를 만져도 되는지 몰랐지만, 이 상어는 강아지처럼 유순했다. 크레이그는 파자마상어를 내게 건네주었는데, 나는 스노클을 물고 물속에 있었기 때문에 항의할 수도 없었다.

조심조심 그 상어를 내 팔로 감쌌는데, 물론 내 얼굴에서 멀찌감치 떨어진 곳에 두려고 했다. 상어는 경이로운 눈으로 나를 바라보면서 그곳에 머물렀다. 나는 그 눈을 한동안 응시하면서 완전히 얼어붙어 꼼짝도 하지 않았다. 마치 외계 행성 표면에서 이글거리는 폭풍계를 바라보는 듯한 느낌이 들었다. 이처럼 단순한 동물이 어떻게 이런 눈을 가졌단 말인가? 상어를 놓아주자 상어는 공 모양으로 몸을 동그랗게 말더니 천천히 바닥으로 내려갔고, 그곳에 닿자 몸을 펴고는 헤엄을 치며 멀어져갔다. 우리는 상어의 보금자리까지 그 뒤를 따라갔는데, 작은 동굴에 상어들이 가득 들어 있었다. 모두 느리게 규칙적으로 숨을 쉬면서 깊이 잠들어 있었다.

계속 나아가다가 흰 모래가 골을 지어 넓게 펼쳐진 지역을 지나갔는데, 이곳에는 켈프가 자라지 않았다. 나는 이 광막한 공간에 불편함을 느꼈지만 적어도 물은 아주 깨끗했으며, 포식 동물이 없는지 살피는 데에도 유리했다. 곧 우리는 시포리스트 가장자리에 도착해 광활하게 펼쳐진 외해를 바라보았다. 그곳은 경계 공간이었는데, 그 위에서 떠다니던 나는 그 너머에 펼쳐진 파란 허공의 압력을 느꼈다. 헤엄을 치는 동안 나는 스트로크에 집중하면서 족히 20미터는 되는 아래의 바닥을 똑바로 응시했다. 이 깊은 물속에서 자란 켈프 줄기는 길고 듬성듬성하고 유령 같았다. 내가 지나갈 때 내 밑에서 큰 물고기 떼가 높은 기둥을 이루어 맴돌았다. 내 시야 밖에 뭔가 숨어 있을지도 모른다는 불안감이 엄습하자, 나는 세상에서 가장 큰 백상아리 개체군 중 하나가 살고 있는 폴스만에서조차 상어가 공격하는 일은 드물다는 사실을 되새기며 마음을 진정시켰다. 그래서 잠시 후 내 뒤에서 들려온 "상어다!"라는 다급한 비명 소리에 섬뜩한 충격을 느꼈다.

고개를 돌렸더니 대니의 얼굴에 핏기가 하나도 없었다. 대니에게 다가가자, 대니가 방금 거대한 백상아리가 나에게서 불과 5미터 떨어진 곳을 지나갔다고 말했다. 나는 충격과 공포에 휩싸였다. 대니는 세 가지 사실에 크게 놀랐다. 백상아리는 나를 아주 조심스럽게 살폈고, 지나갈 때 근육을 하나도 움직이지 않았으며, 그리고 으스스하게 조용했다고 한다. 그러고 나서 대니는 백상아리가 우리보다 30미터 앞에서 헤엄치고 있던 크레이그 쪽으로 갔다고 말했다.

우리는 재빨리 크레이그를 따라잡아 방금 일어난 일을 이야기 했다. 크레이그는 대니에게 백상아리의 눈과 몸짓 언어에 대해 몇 가지 질문을 던진 뒤, 우리는 전혀 위험하지 않다고 결론 내렸다. 백상아리와 함께 프리다이빙을 한 경험이 있는 크레이그는 백상아리의 몸짓 언어를 해석할 줄 안다고 믿고서 그 상황을 염려하지 않았다. 하지만 내게는 그런 확신이 들 리가 없었다.

숲 가장자리에 매달려 심연을 들여다보면서 그 너머에 무엇이 있는지 보려고 눈을 크게 떴다. 대니는 백상아리가 아무 소리도 내지 않았다고 계속 중얼거렸다. 내 마음속에 섬뜩한 이미지가 떠올랐다. 그것은 지난여름에 내가 좋아하던 서핑 장소에서 상어에게 물려 두 동강 난 십대 서퍼였다. 해변으로 밀려온 그 소년의 상반신 사진을 누가 아무 생각 없이 내게 보내주었다. 그것은 내가 맹목적이고 말이 없는 자연에 대해 싫어하는 모든 것을 대표했다. 하지만 크레이그는 상어가 돌아오지 않아 정말로 실망한 것처럼 보였고, 상어와 함께 헤엄을 치는 것은 믿기 힘든 특권이라고 계속 말했다. 그는 우리에게 그곳에 머물면서 상어가 돌아오는지 보자고 간청했는데, 나는 혼자 해변으로 헤엄쳐 돌아가는 것이 더 무서웠기 때문에 그의 말을 따를 수밖에 없었다. 우리는 한동안 기다렸는데, 그러는 동안 나는 더 춥고 컨디션이 나빠졌다. 결국 크레이그는 상어가 딴 데로 가버렸다고 결론을 내렸고, 우리는 뭍으로 돌아갔다.

해변에 도착하자 비로소 이제 안전하다는 느낌이 들었다. 하지만 크레이그는 상어를 보지 못해 안타까워하는 것 같았으며 심지어 기분이 상한 것처럼 보였다. 그는 또 한 번 상어와 함께 헤엄을 치는 것이 얼마나 큰 특권인지 이야기했는데, 평생 한 번 있을까 말까 한 경험이라고 했다. 지구에 백상아리보다 벵골호랑이가 더 많이 남아 있는 게 아쉽다고 탄식했고, 우리가 얼마나 불운했는지 반복해서 말했다. 나는 우리가 잡아먹히지 않은 게 특권이라고 말했다. 대니는 말을 많이 하지 않았다. 나는 대니가 아직도 충격에서 벗어나지 못했고, 필시 내 편을 들 것이라고 추측했다.

나는 며칠 동안 백상아리와 크레이그에 대해 많이 생각했다. 내 마음속에서 이 사건에 대해 서로 다른 생각들이 충돌했다. 우선 나는 크레이그의 무모함과 맹목적으로 그를 따라나선 나의 순진함에 화가 났다. 그런 모험을 하기로 한 것이 과연 현명한 판단이었을까? 친구들에게 그 이야기를 하자, 그들은 나를 비웃으면서 폴스만에서 수영을 하는 것은 미친 짓이라고 말했다. 나는 더 현명하게 굴었어야 한다는 생각이 들었다. 특히 나는 이제 아버지가 아닌가? 만약 크레이그의 판단이 틀렸고, 상어가 돌아와 나를 공격했더라면 어쩔 뻔했는가? 나는 수천 년의 문명이 남긴 교훈을 잠시 잊었던 것 같다. 그 교훈은 바로 야생 동물에게 잡아먹히지 말라는 것이다.

그렇긴 하지만, 크레이그의 독특한 관점과 동물과 상호 작용하는 재능과 저온을 견디는 능력에 큰 흥미를 느꼈다는 점은 인정하지 않을 수 없다. 내가 느꼈던 큰 두려움이 내게 아무 해도 주지 않고 지나갔다는 것 역시 사실이다. 그것은 경고였을까? 아니면 크레이그와 함께 잠수를 계속하기 위한 통과 의례이자 초대였을까? 나는 어느 쪽인지 확신이 서지 않았지만, 어쨌든 나는 내 속에서 일종의 흐름이 솟아오르고 있으며, 내가 좋아하건 싫어하건 그 반대편 끝에 크레이그와 케이프반도가 붙어 있다는 사실을 깨달았다.

○

나는 그날 대니와 로스와 함께 백상아리를 보지 못해 실망이 컸다. 바다에서 백상아리를 만나는 것은 아주 드문 경험이다. 나는 전 세계 도처에서 상어를 촬영하면서 오랜 세월을 보냈는데, 가장 강렬한 경험 중 하나는 아무 보호 장비 없이 우리 밖에서 백상아리 다섯 마리와 함께 잠수한 일이었다.

영화 <조스>의 주인공인 이 '괴물들'은 경계심을 보이긴 했지만 느긋한 태도를 보였다. 이들은 나를 위협하지 않았다. 30분쯤 지난 뒤에 한 마리가 아가리를 살짝 벌리기 시작했는데, 이 동작은 동요를 느낀다는 뜻이다. 천천히 그리고 조심조심 나는 물속에서 나왔다. 그 만남은 내 뇌에 큰 영향을 미쳤다. 원초적인 두려움을 다루는 영역이 해체되는 것 같았고, 기묘한 불멸의 느낌이 들었다. 그러고 나서 차를 탈 때 안전벨트를 억지로 매느라 애를 쓴 기억이 생생하게 난다. 내 마음이 계속 이렇게 속삭였기 때문이다. "넌 방금 심해의 괴물들과 맞닥뜨리고 왔잖아. 알고 보니 그들은 천사였어. 그러니 자동차 사고 따위는 두려워할 필요가 없어. 어떤 것도 두려워할 필요가 없어."

오른쪽 나는 파자마상어의 눈을 처음 들여다봤을 때, 거기에 반사된 우주를 보고서 깜짝 놀랐다. 파자마상어는 바닷물에서 아라고나이트aragonite(주성분이 탄산칼슘인 결정 광물)를 흡수해 눈 뒤쪽에 반짝이는 거울을 만든다. 그 덕분에 어두운 숲에서도 희미한 달빛을 모아 밤중에 수월하게 돌아다닐 수 있다. 파자마상어는 빛이 희미한 곳에서 나보다 10배나 앞을 더 잘 본다.

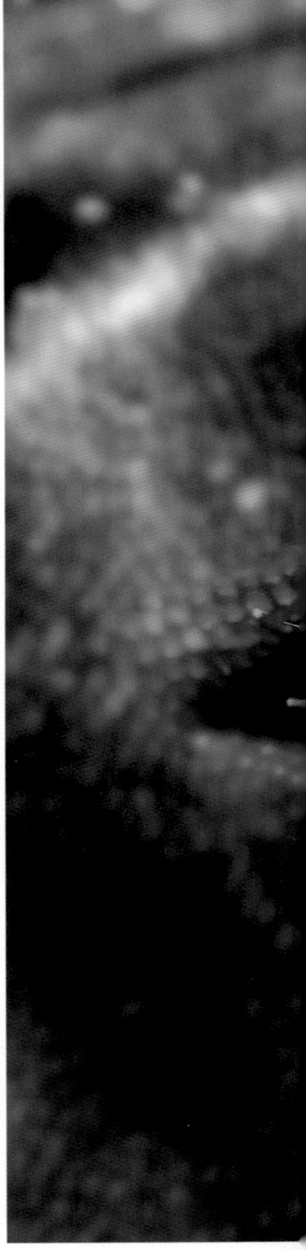

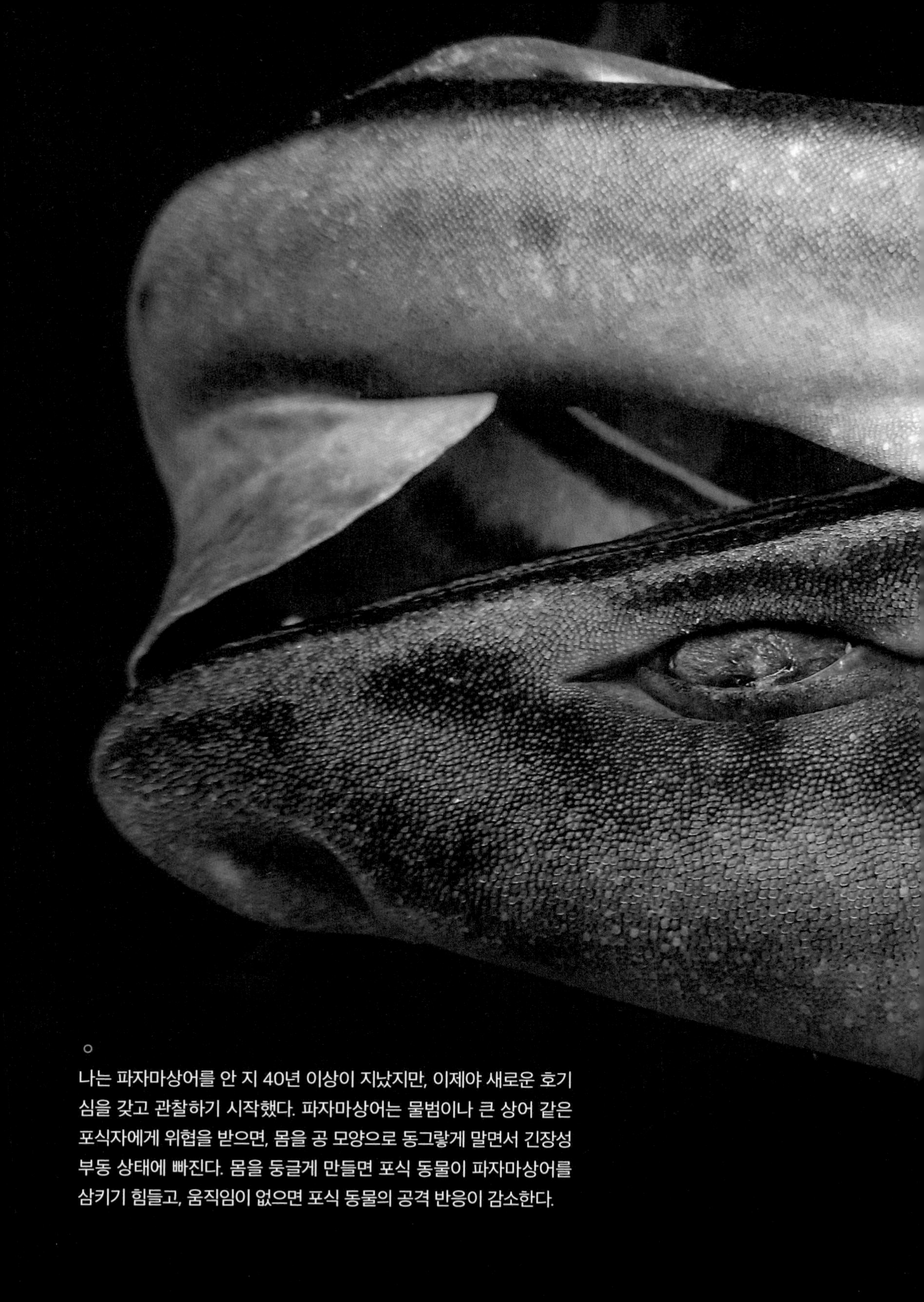

○
나는 파자마상어를 안 지 40년 이상이 지났지만, 이제야 새로운 호기심을 갖고 관찰하기 시작했다. 파자마상어는 물범이나 큰 상어 같은 포식자에게 위협을 받으면, 몸을 공 모양으로 동그랗게 말면서 긴장성 부동 상태에 빠진다. 몸을 둥글게 만들면 포식 동물이 파자마상어를 삼키기 힘들고, 움직임이 없으면 포식 동물의 공격 반응이 감소한다.

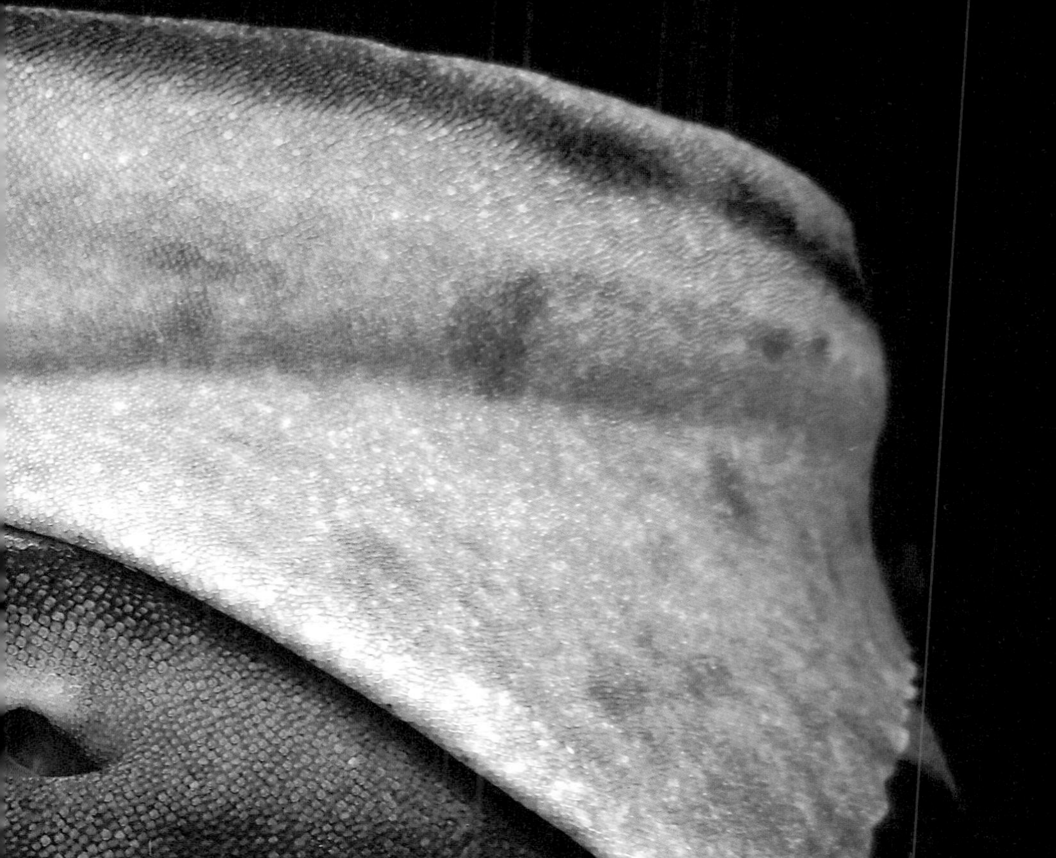

○

나는 거의 다 자란 파자마상어를 쫓아갔는데, 이 상어는 낮 동안에 어른들과 함께 잠을 자는 동굴로 나를 안내했다. 점액으로 뒤덮인 피부에 쌓인 모래의 양으로 얼마나 오랫동안 쉬고 있었는지 가늠할 수 있다.

나는 아직도 백상아리와 칠성상어처럼 거대한 동물과 함께 물속에 있는 게 좋지만, 매일 보면서 그 성격을 파악하자 이 작은 상어들이 더 매력적으로 느껴졌다. 나는 이 상어들이 알을 낳는 비밀 장소를 발견했다. 또, 이 상어들이 조수 웅덩이에 갇혔을 때, 몸을 물 밖으로 높이 솟구쳐 웅덩이에서 나온 뒤, 젖은 암석 위를 뱀처럼 기어서 안전한 곳으로 가는 것을 보았다. 카리스마가 넘치는 큰 동물의 외면적 삶보다 작은 동물의 내면적 삶을 알아가는 것이 훨씬 더 흥미롭다.

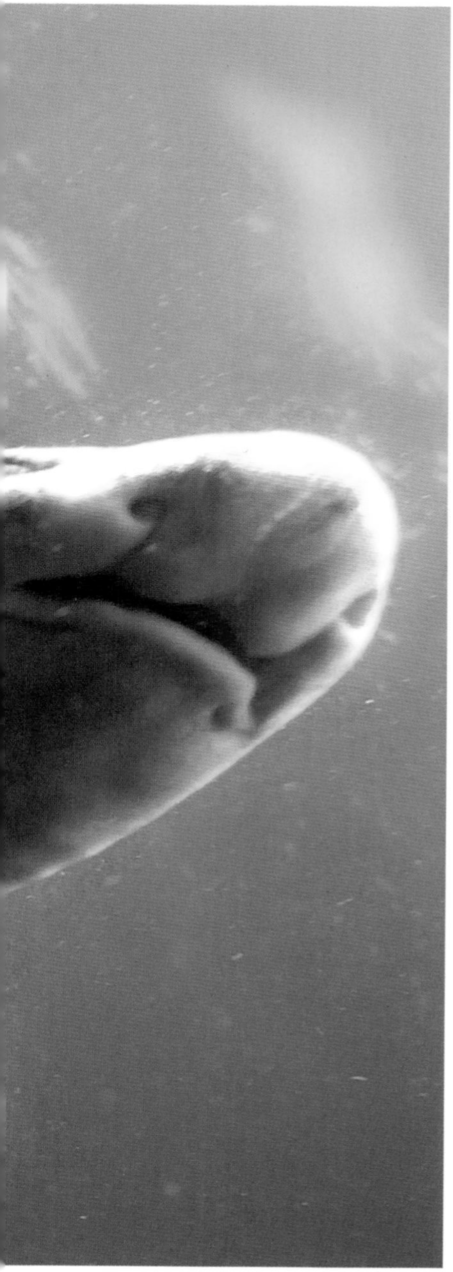

○

나는 오랜 세월에 걸쳐 전개되는 깊은 야생 자연의 모습을 관찰하고 연구하는 걸 좋아하는데, 시포리스트에 서식하는 동물들의 삶을 아는 것은 큰 즐거움을 주기 때문이다. 이 활동은 목적 없이 살아가는 나의 존재에 활기를 불어넣는다. 작은 상어들은 내가 좋아하는 동물인데, 나는 운 좋게도 번식을 비롯해 그들의 삶에서 가장 은밀한 측면들을 목격할 수 있었다.

수컷은 2개의 파악기(수컷 상어의 생식기) 중 하나를 암컷의 몸에 삽입하여 대개 알 2개를 수정시킨다. 고무 같은 껍데기 속에 들어 있는 알은 암컷의 몸속에서 발달하며 자라다가 때가 되면 몸 밖으로 나온다. 시포리스트의 상어들은 종에 따라 특정 종류의 조류에 알을 낳는다. 내가 한 연구 중에는 어떤 종이 어떤 조류에 알을 낳는지 파악하는 것도 있었는데, 그 덕분에 나는 알들을 아주 쉽게 발견할 수 있었다. 비틀린 용수철 철사처럼 생긴 기다란 덩굴손이 알주머니에 붙어 있다. 상어는 경이로운 능력을 보여주는데, 조류 주위를 빙빙 돌면서 알주머니를 살아 있는 식물에 엮어서 붙인다. 덩굴손은 짠물에서 딱딱하게 굳으면서 알을 식물에 고착시킨다.

왼쪽 내 아들 톰이 잠수 도중에 기묘한 방식으로 헤엄치는 퍼프애더샤이샤크를 발견했다. 우리는 그 상어가 두 개의 알 중 하나를 낳으려고 한다는 사실을 알아챘고, 나는 간신히 이 사진을 찍었다.

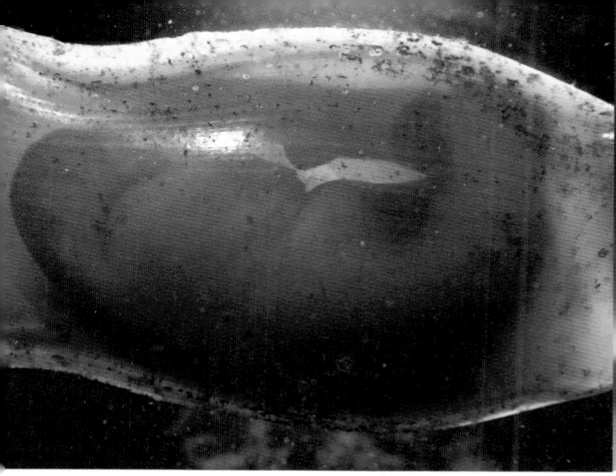

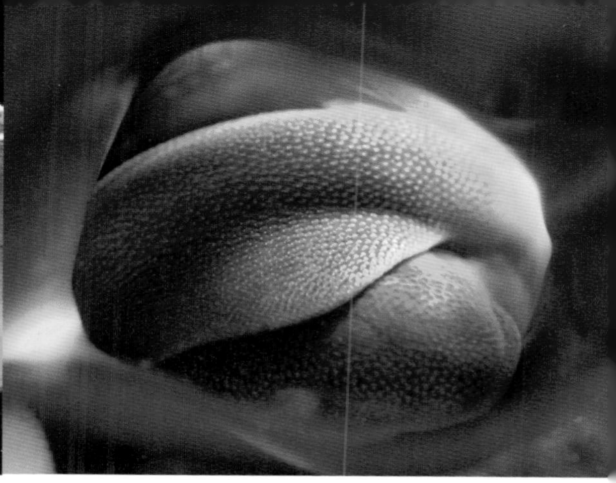

○

나는 한 두툽상어 가족을 아주 잘 알게 되었는데, 암컷이 눈처럼 흰 알을 동굴 가까이에 낳는 걸 보고 크게 흥분했다. 이 종이 알을 낳길 좋아하는 장소는 업라이트랙upright wrack(뜸부기목에 속한 해조류)이다. 몇 주일이 지나자 알이 갈색으로 변하기 시작했고, 그 속에서 작은 상어가 커다란 노른자위를 먹으면서 형태를 갖춰가는 것이 보였다. 새끼 상어는 탯줄로 노른자위에 연결돼 있고, 탯줄은 빨간색 핏줄들의 망으로 퍼져간다. 알을 뒤덮고 있는 이 핏줄들이 자라는 새끼 상어에게 적은 양의 영양 물질을 공급한다.

일부 상어의 알은 반투명하여 새끼의 놀라운 발달 과정을 볼 수 있다. 다년간의 관찰 뒤에 마침내 나는 한 파자마상어가 모든 성장 단계를 거치며 발달하는 과정을 목격했다. 두 달 뒤에 그 새끼 상어는 겉아가미가 발달했다. 기다란 빨간색 덩굴손 같은 이 겉아가미를 새끼 상어는 몸을 꿈틀거리면서 움직였다. 그러고 나서 겉아가미가 떨어져나가고, 벌레 같던 형체에서 작지만 어엿한 상어의 형체로 변했다. 그동안 내내 알주머니는 틈을 통해 숨을 쉬면서 새끼 상어에게 산소를 공급했다.

파자마 상어 특유의 줄무늬가 생기기 시작했고, 이제 새끼는 충분히 크게 자라 알 속에서 몸을 둥글게 말아야만 했다. 알 속에 꽉 찬 새끼 상어는 거의 죽은 것처럼 보였고 숨도 거의 쉬지 않는 것 같았다. 이제 노른자위는 완전히 바닥났지만, 새끼 상어는 몇 주일 더 있다가 마침내 밖으로 나왔다.

○

6개월 동안의 관찰 끝에 파자마상어가 알을 깨고 세상에 나오는 모습을 보는 것은 특권처럼 느껴졌다. 몸길이 14센티미터의 새끼 상어가 빽빽하고 미끌미끌한 알에서 나오기는 쉽지 않은데, 여기서 새끼 상어는 예상 밖의 묘기를 보여준다. 알에서 나오기 직전에 순린楯鱗(단단하고 작은 방패 모양의 비늘—옮긴이)이라고 부르는 비늘 약 2만 개를 전부 몸에서 곤두세운다. 순린은 실제로는 이빨이 변형된 것으로, 새끼 상어는 날카로운 비늘 끝으로 미끌미끌한 알을 꽉 붙잡고 알에서 빠져나온다. 알에서 나온 뒤에도 며칠 동안 순린은 곤두선 상태로 남아 있는데, 아마도 포식 동물을 다가오지 못하게 하는 방어 무기 역할을 하는지 모른다.

파자마상어는 수명이 약 35년이고 번식 속도가 아주 느려 현재 보호종으로 지정돼 있다. 이 작은 상어가 살아남기 위해 통과해야 할 관문은 결코 만만한 것이 아니지만, 물론 일부는 통과하는 데 성공한다. 나는 어부들이 이 멋진 동물을 해변으로 던져 천천히 질식해 죽게 하는 모습을 보았는데, 이 상어들이 미끼를 낚아채 어획을 방해하기 때문이다. 나는 만약 어부들이 이 상어가 다 자란 크기가 얼마인지 안다면, 같은 행동을 하지 않을 것이라고 생각한다.

2부

목적 없는 배회

겨울이 끝나가면서 낮이 길어지고 탁월풍이 불어가는 방향이 남쪽으로 바뀌었다. 크레이그는 일주일에 몇 번씩 전화를 걸어 시 포리스트에서 본 새로운 동물 이야기를 들려주고, 물이 점점 따뜻해진다고 불평했다. 그는 차가운 물에서 얻는 경이로운 에너지를 아쉬워하면서 겨울 바다를 그리워했다. 그는 내게 계속 헤엄을 치러 오라고 권했고, 나는 시간이 있을 때마다 달려갔다.

케이프반도로 가려면, 차를 몰고 도시를 벗어나 잎이 많이 우거진 교외 지역을 지나가야 한다. 고속도로가 끝나는 지점에서 도로는 산들과 내가 어린 시절을 보낸 바다 사이로 지나가면서 폭이 좁아진다. 나는 이 마지막 구간을 아주 잘 아는데, 각각의 굽이를 지날 때마다 옛날 기억이 새록새록 떠올랐다. 피시후크 해변의 작은 조수 웅덩이에서 수영을 배웠고, 나중에 마위젠베르흐 해변의 부드러운 흰 물살에서 서핑을 배웠다. 서니코브를 지나갈 때에는 봄날 밤에 남방참고래가 얕은 물 위로 떠올라 분수를 뿜는 소리를 들으며 잠들던 기억이 떠올랐다.

사이먼스타운으로 들어서자 어린 시절에 많은 주말을 보냈던 요트 정박지가 보였다. 그 정박지에는 길이 9미터의 우리 요트가 정박돼 있었고, 아버지는 주말이 되면 우리를 요트에 태우고 만을 가로지르며 항해를 했다. 나는 넓은 바다로 나아갈 때 부풀어오르던 자유의 느낌이 너무나도 좋았고, 타륜을 조종하거나 무지개색 삼각돛을 세우는 아버지가 자랑스러웠다. 우리는 밝은 색 미끼로 오징어 낚시를 했다. 나는 죽어가는 오징어들이 먹물을 온 사방에 뿜어대면서 갑판과 서로를 엉망으로 만든 난장판을 기억한다. 아버지는 가끔 혼자서 요트를 몰고 더 긴 여행에 나서 케이프포인트를 돌아 웨스트코스트와 랑에반 초호까지 갔다 왔다.

그런 주말에 마지막이 찾아왔는데, 그날 어머니는 아버지를 놀라게 하려고 아침 식사를 준비한 뒤, 누나와 나를 작은 승용차 마쓰다 323에 태우고 초호로 달려갔다. 바람 한 점 없는 멋진 일요일 아침이었는데, 나는 고무보트의 노를 저으며 요트를 향해 다가갔다. 요트에 올랐을 때, 나는 흰색 비키니 차림의 여성이 선실로 달려가 사라지는 것을 보고 깜짝 놀랐다. 낯선 사람의 존재에 어리둥절한 누나와 나는 그 여자를 찾으려고 요트를 뒤졌다. 아버지는 우리를 막으려고 최선을 다했지만, 그보다는 어머니의 관심을 딴 데로 돌리려고 정신이 팔려 있었는데, 어머니의 혼란과 불안은 점점 더 커져가기만 했다.

결국 나는 선창에서 돛을 집어넣는 상자 속에 숨어 있던 여자를 발견했고, 그 여자도 이제 밖으로 나오는 수밖에 선택의 여지가 없었다. 나는 그런 나 자신에 뿌듯함을 느꼈다. 어른과 벌인 예상치 못한 숨바꼭질 게임에서 이겼다는 생각에 우쭐했고, 앞으로 어떤 일이 벌어질지 전혀 짐작도 하지 못했다. 요트의 주방은 좁았지만, 다섯 사람 모두가 그 습기 찬 작은 방 안에 우리에 갇힌 동물들처럼 빽빽이 서 있었다. 일촉즉발의 긴장이 흐르는 그 분위기에서 나조차도 뭔가 큰일이 일어나리란 것을 직감했다.

험악한 설전 끝에 급속하게 이혼 결정을 내린 아버지와 어머니 사이에서 나는 두 사람을 번갈아 쳐다보았다. 나는 '이혼'이란 단어를 들어본 적이 있었고 그것이 무엇을 뜻하는지 어렴풋하게 알고 있었지만, 그것은 광견병처럼 딴 사람들에게만 일어나는 일이며, 나하고는 상관이 없는 위협으로 여겼다. 나는 이 비극이 우리 가족에게 닥쳤다는 사실을 믿을 수 없었고, 그 사실을 채 깨닫기도 전에 이미 내 얼굴은 눈물범벅이 돼 있었다. 우리는 노를 저어 해변으로 돌아갔고, 어머니와 누나는 내 곁에서 계속 흐느꼈는데, 처음으로 나는 나의 세계를 완전히 파괴할 수 있는 괴물 같은 공허의 존재를 느꼈다.

아버지는 즉시 집을 나가 사이먼스타운 항구에 정박된 요트로 옮겨갔다. 누나와 나는 그곳에서 몇 번의 주말을 더 아버지와 함께 보냈지만, 어느 날 요트는 다른 곳으로 떠나 보이지 않았다. 아버지는 노란색 컨버터블 포드 XR3을 아무나 가져가라는 듯이 차 키를 안테나에 매단 채 부두에 남기고 작별 인사도 없이 떠났다. 그 후 30년 동안 아버지는 두어 차례 연락을 했는데, 한번은 남아메리카

어딘가에서 편지를 보냈다. 울창한 밀림으로 둘러싸인 폭포 아래에서 있는 아버지 사진이 동봉돼 있었다. 아버지는 웃고 있었고 행복해 보였다. 앞쪽에 'Here Comes Trouble'(여기 골칫거리가 온다)이라는 글자가 새겨진 짙은 파란색 티셔츠도 동봉돼 있었는데, 내 치수보다 몇 사이즈나 작았다.

나는 여전히 아버지에게 무슨 일이 일어났는지, 그리고 심지어 아버지가 어디에 사는지조차도 몰랐다. 나는 아버지에 대한 기억을 대부분 잊어버렸고, 나의 생애에서 같이한 8년 중에서 요트를 타고 항해를 한 날들(그리고 화를 잘 내는 성질)을 제외하고는 기억나는 게 거의 없다. 아버지는 가끔 재미있을 때도 있었지만, 표면 밑에는 폭력의 칼날이 숨어 있었다. 아버지는 우리를 위협했고, 때로는 짧고 두꺼운 초록색 파이프 조각으로 때렸는데, 즐거운 듯이 그 파이프 조각을 자신의 '설득자persuader'라고 불렀다. 그 당시에 숀 코너리 Sean Connery가 주연을 맡은 〈설득자들The Persuaders〉(우리나라에서는 '위장 게임'이란 제목으로 소개됨—옮긴이)이란 제목의 TV 시리즈가 있었는데, 아버지는 거기서 그 이름을 땄다.

어머니는 금방 재혼을 했고, 우리는 먼 교외 지역으로 옮겨갔다. 거기서 나는 적대적인 새로운 세계로 들어갔다. 폭력적인 양아버지는 우리와 얽히고 싶어 하지 않았기 때문에, 누나와 나는 가능하면 그를 피했다. 폭력은 마치 자유 의지가 있는 것처럼 기묘한 방식으로 사람들 사이로 파고든다. 이 폭력은 내게도 파고들어 십대 초반 시절에 그 어두운 꽃을 활짝 피웠다. 나는 우리 집 정원의 거대한 야자나무에 살던 새들에게 분노를 표출했다. 양아버지에겐 공기총이 있었는데, 그가 외출하는 날이면 벽장에서 공기총을 꺼내와 이층집 지붕에서 새들을 향해 쏘았다. 그의 총을 사용하는 것은 금지된 장난의 영역을 넘어 감히 생각할 수조차 없는 일이었고, 나는 엄청난 모험을 한다는 사실을 알았다. 하지만 나는 극도로 조심했고, 지붕에서 양아버지가 긴 흙길을 따라 차를 몰고 돌아오는 모습을 볼 수 있었다.

나는 아무 양심의 가책도 느끼지 않고 산비둘기와 집비둘기와 찌르레기를 죽였으며, 따뜻한 시체를 아무도 발견할 수 없는 초원의 무성한 덤불 밑에 묻었다. 이런 일이 몇 달 동안 계속 이어졌는데, 그러다가 어느 토요일 오전에 내가 쏘아 맞힌 큰 회색 산비둘기가 아무리 찾아도 보이지 않았다. 모든 곳을 다 찾아도 보이지 않자, 나는 그 산비둘기가 달아나 집 부근의 들판에서 죽었을 것이라고 생각했다. 그날 저녁에 집으로 돌아온 양아버지는 공기총을 사용했느냐고 물었다. 나는 단호하게 아니라고 부인했지만, 그가 같은 질문을 다시 할 때 끓어오르는 분노를 억제하고 있다는 사실을 분명히 알 수 있었다. 나는 내가 한 짓을 들켰다는 사실을 알아챘다.

양아버지는 나를 자신의 방에 딸린 욕실(이전에 내가 한 번도 들어간 적이 없는)로 데려갔다. 그곳이 온통 피로 뒤덮여 있는 것을 보고 나는 큰 충격을 받았다. 나는 욕조에서 죽어 있는 회색 비둘기를 볼 때까지 무슨 일이 일어났는지 전혀 알아채지 못했다. 처음에 나는 비둘기 한 마리의 몸속에 어떻게 그토록 많은 피가 들어 있는지 의아했다. 그다음에는 그 비둘기가 어떻게 그곳으로 들어왔는지 의아했다. 내리닫이창에 작은 틈이 있었는데, 그곳을 통해 들어온 것이 분명해 보였다. 그것은 매우 끔찍한 상황이었다. 나는 흰색 타일 벽과 바닥과 천장에 튄 피를 모두 깨끗이 닦아내야 했다. 양아버지는 나를 때릴 수도 있었지만, 그 상황이 너무나도 섬뜩해 나를 그냥 내버려두었다. 나는 그 사건에 대해 약간 죄책감을 느꼈고 비둘기에게 미안했지만, 전체적으로는 범행을 들킨 나 자신에게 화가 났다.

사이먼스타운을 지나 크레이그가 사는 도시 외곽의 머독 계곡으로 다가가면서 이 음울한 기억도 희미해져갔다. 우리는 함께 차를 타고 가까운 거리에 있던 케이프포인트 자연 보호 구역으로 갔다. 이곳은 인기 있는 관광지이지만, 대다수 방문객은 식당에만 모여 있었고, 나머지 자연 보호 구역은 우리 차지로 남아 있었다. 우리는 해안선을 따라 목적 없이 배회하면서 해변에 밀려온 플라스틱 쓰레기, 돌, 물 위에 떠다니는 나무 부스러기, 햇빛에 하얗게 표백된 뼈 등을 수집했다. 이것들을 균형을 잡아가며 쌓아 거대한 조각 작품으로 만들었는데, 때로는 완성하기까지 며칠이 걸리기도 했지만, 일단 완성하고 나면 바람과 파도에 허물어지도록 내버려두었다. 우리는 게의 집게발과 가재 더듬이, 성게 껍데기, 산호 조각, 그리고 만조선에서 발견한 갖가지 물건들을 가지고 이러한 조각 작품의 미니 버전도 만들었다. 모래 위에 이 작은 도시들을 만들면서 우리는 시간을 한없이 보냈고, 아무 쓸모 없는 그 활동에 흠뻑 빠졌다.

아무 목적 없이 미니 제국을 건설하는 일이 싫증나면, 반반하고 둥근 돌을 큰 바위에 던져 튀어나오게 한 뒤, 멀리 떨어진 곳에서서 다치지 않고 그것을 붙잡으려고 했다. 우리는 텅 빈 전복 껍데기가 훌륭한 프리스비라는 사실도 발견했다. 강한 해풍을 향해 똑바로 던지면, 전복 껍데기는 회전하면서 바다 위로 높이 떠올랐다가 방향을 홱 틀어 육지 쪽으로 되돌아왔는데, 우리는 그것을 붙잡으려고 애썼다.

크레이그는 또한 조간대에 대한 열정과 지식을 내게 나눠주길 좋아했고, 게임 도중에 나를 박물학자로 전향시키려고 최선을 다했다. 그의 설명은 대개 아주 지루한 생물학 수업을 떠오르게 했지만, 크레이그는 용감하게 설명을 계속해나갔다. 대다수 사람들은 박물학자가 되는 것이 왜 중요한지 핵심을 놓친다고 강조했다. 박물학자의 본업은 라틴어 학명을 배우거나 곤충이 어떻게 번식을 하는지 설명하는 것이 아니라고 했다. 크레이그는 그런 것에는 별로 관심이 없었다. 자연을 연구하는 목적은 그보다 훨씬 심오하다고 했다. 그는 바다에서 멀리 떨어진 혹독한 환경의 칼라하리 사막에서 이 깨달음을 얻었다고 한다.

20대 시절에 크레이그는 산족 부시먼과 함께 동물을 추적하는 법을 배웠다. 이 추적의 달인들은 땅 위에서 추적의 기술을 가르치기 위해 서사시적 사냥 여행에 그를 데려갔다. 그들은 동물을 아주 가까이에서 추적할 때에는 자신이 사냥꾼인지 사냥당하는 동물인지 알 수 없을 정도로 그 동물과 일체가 된다고 설명했다. 크레이그는 이것이 우리의 원초적 본성 또는 야성과 연결하는 방법이며, 아직도 누구나 그런 본성에 접근할 수 있다고 믿는다고 했다. 그는 일런드영양을 며칠에 걸쳐 아주 먼 거리까지 추적하는 사냥꾼들을 보았다고 했다. 가장 높은 경지에서 추적은 일종의 '영혼 추적' 단계에 이르는데, 이 단계에서는 물리적 추적은 불필요하다. 산족은 마치 그 동물의 일부가 된 것처럼 추적하는 동물의 행동을 정확하게 알았다. 그들은 이 경험을 춤에 비유하면서 그 춤이 자신들을 신에 더 가까이 다가가게 한다고 말했다.

계속해서 크레이그는 반인반수 동물에 관한 모든 신화는 바로 이 상태를 보여준다고 말했다. 켄타우로스와 늑대 인간, 하피harpy(고대 그리스·로마 신화에 나오는, 여자의 머리와 몸에 새의 날개와 발을 가진 괴물—옮긴이), 세이렌, 페가수스, 트리톤, 미노타우로스, 그리고 심지어 스파이더맨과 배트맨을 그 예로 언급했다. 산족은 수만 년 동안 반인반수라 부르는 이 동물들의 형상을 암면 미술로 표현해왔으며, 무아지경에 빠졌을 때 이러한 변성 상태에 접근할 수 있다고 한다. 이 이야기는 내게는 터무니없는 것으로 들렸지만, 적어도 흥미는 끌었다.

크레이그는 또한 한 달간의 힘겨운 사냥 뒤에 산족 사람들과 불 주위에 앉아서 시간을 보낸 이야기도 들려주었다. 그들이 어떤 농담을 하고 어떻게 웃었는지 묘사했는데, 그러면서 그들은 네 종의 올빼미 소리를 들을 수 있고, 2킬로미터 밖에서 하이에나가 다른 동물을 사냥해 죽이는 사실을 알았다고 했다. 크레이그는 산족 동료들이 놀라운 정보 교향곡을 즐기는 반면 자신은 귀머거리나 다름없다는 사실을 깨달았다고 했다. 이제 자신의 야생 감각을 깨우길 원했던 그는 사막에서 그랬던 것처럼 시포리스트에서 추적하는 법을 배우려고 애썼다.

그는 내게 모든 것은 자국을 남기며, 충분히 자세히 살펴본다면 자국이 저절로 드러난다고 설명했다. 그리고 분명한 예로서, 연체동물이 남긴 자국과 돌 위의 점액질 자국 위에 쌓인 모래가 어떻게 연체동물의 이동 패턴을 만들어내는지 보여주었다.

크레이그는 또한 바위 위에 새겨진 켈프 조각 자국을 보여주면서 그것이 산말(갈조류의 일종—옮긴이)이 남긴 자국이라고 설명했다. 나도 그 자국이 아름답다고 생각했지만, 크레이그는 내가 충분히 감동을 받지 않았다는 사실을 알아채고는 자신의 '마법의 왕국' 이야기를 들려주었다. 그는, 이제 그것이 있다는 사실을 아는 사람이 거의 없는 존재 상태로 들어가는 문이 있는데, 추적은 그 문을 여는 방법이라고 말했다. 우리의 '원초적 본성'은 수백만 년이나 된 것이고, 그 방법만 안다면 언제든지 깨울 수 있다.

나의 비공식적 훈련은 미천한 삿갓조개로 시작했다. 삿갓조개는 껍데기가 단단한 원뿔형 동물로, 물가의 바위에 들러붙어 살아간다. 나는 삿갓조개가 세상에서 가장 특색 없는 동물 중 하나이며, 나의 해안 나니아 세계로 들어가는 비밀 통로가 되리라고는 전혀 믿을 수 없다고 차마 말할 용기가 없었다. 하지만 애써 용감한 표정을 지으며 최선을 다해 어려운 상황을 헤쳐나가기로 마음먹었다. 크레이그는 서로 다른 삿갓조개 종을 많이 알려주었지만, 내게는 모두 똑같아 보였다. 하지만 마침내 크레이그가 삿갓조개 하나를 바위에서 떼어내 그 얼굴을 내게 보여주었을 때, 나는 거기서 작은 동물이 고개를 내민 걸 보고 깜짝 놀랐다. 이 작은 동물에게도 얼굴이 있었다. 그것은 너무나도 예상 밖의 일이어서 나도 모르게 웃음을 지었다.

그러고 나서 크레이그는 각각의 삿갓조개가 자기 나름의 조류 '정원'을 어떻게 가꾸는지 보여주었다. 바위 위를 자세히 살펴보니 초록색과 갈색 조류 사이에서 삿갓조개가 만든 아름다운 원형 패턴을 볼 수 있었다. 그리고 주변을 둘러보니 이러한 정원이 도처에 널려 있었다. 이것은 내가 우리 해안선에 얼마나 많은 생명체가 빽빽하게 모여 살아가는지 처음으로 생생하게 목격한 사건이자 겉보기에 멍청해 보이는 이 동물의 지능을 처음으로 인식한 사건이었다.

**모든 돌 밑에서 우리는 발광 벌레와
작은 큰학치, 밝은 색의 나새류를 포함해
엄청나게 다양한 작은 동물을 잔뜩 발견했다.**

그뿐만이 아니었다. 마치 삿갓조개가 바위에 새겨놓은 작은 로제타석의 암호를 내가 해독한 것 같은 기분이 들었다. 볼 것이 아무것도 없던 곳에서 갑자기 새로운 의미의 층이 드러났다.

나는 이 작은 동물들이 우리와 마찬가지로 나름의 농부라는 생각이 들었고, 이들의 '경작지'를 내려다보니 밀 곡창 지대의 원형 농경지 위를 날아다니면서 내려다보는 듯한 기분이 들었다. 크레이그는 삿갓조개가 먹이를 먹을 때 돌을 긁어 생긴 자국도 보여주었다. 그리고 컨베이어 벨트 같은 기다란 혀(치설)가 어떻게 지구에서 가장 단단한 생물 물질이라는 삿갓조개 이빨을 감당할 수 있는지 설명했다(삿갓조개의 혀엔 이빨이 나 있다.—옮긴이). 곧 내 눈에 돌과 켈프 위에서 긁힌 자국들이 보이기 시작했고, 이 특별한 동물에 대한 호감이 더 커졌다.

봄이 되면 우리는 썰물 때 수심이 얕은 곳을 걸어 지나가면서 돌을 들어올려 그 밑에 무엇이 숨어 있는지 살펴보았다. 모든 돌 밑에서 우리는 발광 벌레와 작은 큰학치, 밝은 색의 나새류를 포함해 엄청나게 다양한 작은 동물을 잔뜩 발견했다. 크레이그는 또 알이 있는 곳을 단서로 동물을 추적하는 법을 보여주었다. 그는 군소를

ㅇ
껍데기 밑으로 밀려온 켈프의 엽상체를
덮칠 준비를 하고 기다리는 삿갓조개

우리의 선생님으로 삼아 빛나는 민달팽이처럼 보이는 이 질척질척한 동물이 항상 알 가까이에 머문다는 사실을 보여주었다. 빛나는 노란색 스파게티 같은 알 무더기가 있는 곳마다 항상 그 근처에 부모가 숨어 있었다.

무엇보다 흥미로운 것은 크레이그가 하찮아 보이는 이 동물들에게 큰 매력을 느낀다는 사실이었다. 이에 대해 물어보자, 크레이그는 자신은 상어나 고래보다 이 동물들에게 더 끌린다고 대답했다. 바다에서 가장 큰 포식 동물들과 많은 시간을 보낸 사람의 입에서 나오리라고는 전혀 기대하지 않았던, 아주 특이한 고백이었다. 나는 그 말이 쉽게 믿기지 않았고, 정말로 그런 뜻으로 한 말일까 하는 의문까지 들었다.

우리는 또한 함께 돌 위에 조용히 앉아 조수 웅덩이에서 아주 흥미로운 동물의 행동을 관찰하기 시작했다. 말미잘이 독성 자세포로 서로를 후려치면서 느린 동작으로 전쟁을 벌이는 모습을 지켜보았다. 한번은 큰 불가사리가 돌 위로 기어가면서 소라 다섯 마리를 쫓는 모습을 관찰했다. 돌 가장자리에 이른 소라들은 가장자리 위로 미끄러져 넘어가는 대신에 훌쩍 점프를 해 심연 속으로 빠졌다. 소라가 모래 위에 자국을 남기고, 물기둥 속으로 굴러 떨어져 마침내 모래 바닥에 안전하게 내려앉는 광경을 구경하는 것은 무척 흥미로웠다. 발이 끈적끈적한 불가사리는 땅에서 몸을 뗄 수 없어 소라처럼 점프를 할 수 없었고, 이 추격전에서는 소라가 이겼다.

우리는 추격전이 끝났다고 생각했는데, 소라 한 마리가 모래 위에 등을 댄 자세로 떨어져 위로 향한 발을 아무리 버둥대도 똑바로 서지 못했다. 거대한 불가사리가 불길한 기운을 내뿜으며 돌 아래로 내려가 뒤집힌 소라를 향해 다가갔다. 우리는 그 불쌍한 소라는 이제 끝이라고 생각했는데, 그때 놀라운 일이 일어났다. 더 큰 소라가 나타나더니 뒤집힌 소라에게 자신의 껍데기를 붙잡게 한 뒤 작은 소라를 싣고 안전한 곳으로 달아났다.

불가사리는 소라를 따라잡을 수 없다는 사실을 깨닫고 근처에 가만히 있던 성게로 관심을 돌렸는데, 성게는 텅 빈 삿갓조개 껍데기를 뒤집어쓰고 있었다. 불가사리의 팔이 성게 뒤쪽으로 기어들어 갔는데, 성게를 죽이려고 하는 게 분명했다. 불가사리는 끈적끈적한 발로 성게를 보호하고 있던 껍데기를 붙잡아 성게 등에서 떼어냈는데, 그동안에 성게는 도망칠 시간을 얻을 수 있었다. 하지만 옆에 있던 성게는 운이 좋지 못했는데, 몸을 가려줄 보호막이 전혀 없었다. 불가사리는 손쉽게 그 성게를 뒤덮었고, 위를 쑥 뺀어내 몸 밖에서 성게를 소화시키는 과정을 천천히 시작했다.

조수 웅덩이에서 일어나는 이 야생 '리얼리티 쇼'는 사자가 먹잇감을 사냥하는 것과 같은 극적 요소를 다 갖추고 있다. 그것은 바닷물 웅덩이에서 사이키델릭 조명이 휘황찬란하게 번쩍이는 〈스타워즈〉 영화를 보는 것과 비슷했고, 우리는 그것을 보면서 놀라움을 감추지 못했다. 이리저리 돌아다니며 관찰하고 놀고 추적을 하면서 하루를 보내고 나자, 우리는 종일 바람에 할퀴고 피곤했지만 마음은 평화로웠다. 이 상태에 도달하는 열쇠는 펼쳐지는 상황에 아무 목적 없이 자신을 내맡기는 데 있는 것처럼 보였다.

나는 목적 없음에 대해, 그리고 놀이가 본질적으로 목적 없는 행위라는 것에 대해 많이 생각했다. 어떤 목적을 달성하기 위한 놀이는 놀이가 아니다. 나는 자연에는 놀이의 측면이 있다는 사실을

이리저리 돌아다니며 관찰하고 놀고
추적을 하면서 하루를 보내고 나자, 우리는 종일
바람에 할퀴고 피곤했지만 마음은 평화로웠다.
이 상태에 도달하는 열쇠는 펼쳐지는 상황에
아무 목적 없이 자신을 내맡기는 데
있는 것처럼 보였다.

서서히 깨닫기 시작했다. 그리고 만약 우리 모두가 똑같이 목적 없이 놀이를 하려는 태도를 가진다면, 크레이그의 '원래의 설계'에 더 가까이 다가갈 수 있을 것이라는 생각이 들기 시작했다.

○

나는 해안선을 따라 걸으면서 추적하는 법을 배우느라 수백 시간을 보냈는데, 대개는 혼자서 걸었고, 때로는 로스와 함께 걸었다. 이 기묘한 자국은 오랫동안 나를 혼란에 빠뜨렸다. 그러다가 마침내 산말이라는 바다 식물이 남긴 흔적이란 사실을 알아냈다. 이 해조는 세포에 황산을 저장하는데, 아마도 성게와 고둥 같은 초식 동물에게 먹히는 걸 막기 위해서일 것이다. 큰 파도가 칠 때 산말이 떨어져 나와 해변으로 밀려온다. 공기에 노출되면 산말은 황산을 내놓으면서 돌에 붙어 자라는 조류를 태워 자신과 똑같은 모양을 자국으로 남긴다. 이 사진에서 자국이 아주 선명한 이유는 조류가 바로 하루 전에 황산에 탔기 때문이다. 2주일쯤 지나면 조류가 다시 서서히 자라면서 이 자국이 희미해진다.

○

이것은 내가 맨 처음 본 해양 동물 자국 중 하나로, 바로 소라가 지나간 자국이다. 해양 복족류는 대부분 돌 위로 지나갈 때 눈에 잘 보이지 않는 점액 막을 남긴다. 그리고 미세한 모래 입자가 점액 속에 갇히면서 숨겨져 있던 자국을 드러낸다. 먹이를 찾아나선 삿갓조개는 이 자국을 이용해 집으로 가는 길을 찾는다. 나는 자국의 폭과 움직임 패턴으로 종을 확인하는 법을 배웠다.

○

칼라하리 사막 중앙에 사는 산족 부시먼은 동물을 추적할 때 바람과 곤충을 보고서 시간을 짐작하지만, 물속에는 그런 것이 없는 것처럼 보였다. 모든 것이 계속 움직이는 세계에서는 어떻게 추적을 해야 할까?

잠수를 하다가 작은 동굴에 웅크리고 있는 줄무늬 두톱상어를 발견했다. 흥미롭게도 모래가 완벽한 줄무늬를 이루어 머리를 가로지르며 뻗어 있었다. 이 상어 머리 사진을 자세히 살펴보다가 나는 이 줄무늬가 연체동물이 남긴 자국이라는 사실을 깨달았다. 이 연체동물은 가는 곳마다 점액 자국을 남기는데, 물속의 미세한 모래 입자가 거기에 들러붙는다. 자국의 폭과 서식지를 조사하면, 그 연체동물과 파자마상어에 관해 많은 정보(파자마상어가 움직이지 않고 동굴 속에 머물러 있었다는 사실과 잠을 얼마나 오랫동안 잤는지 등)를 알 수 있다.

갑자기 도처에서 자국과 흔적이 보이기 시작했다. 물속에서 추적에 사용할 수 있는 시계는 조석과 연체동물이다. 물속에서는 모든 것이 아주 빨리 분해되지만, 적절한 조건과 서식지를 세심하게 선택하면 밤 동안 동물이 남긴 자국을 발견할 수 있다. 갑자기 완전히 새로운 세계가 눈앞에 펼쳐졌고, 나는 적극적으로 수중 동물을 추적하고 그 행동을 예측하기 시작했다.

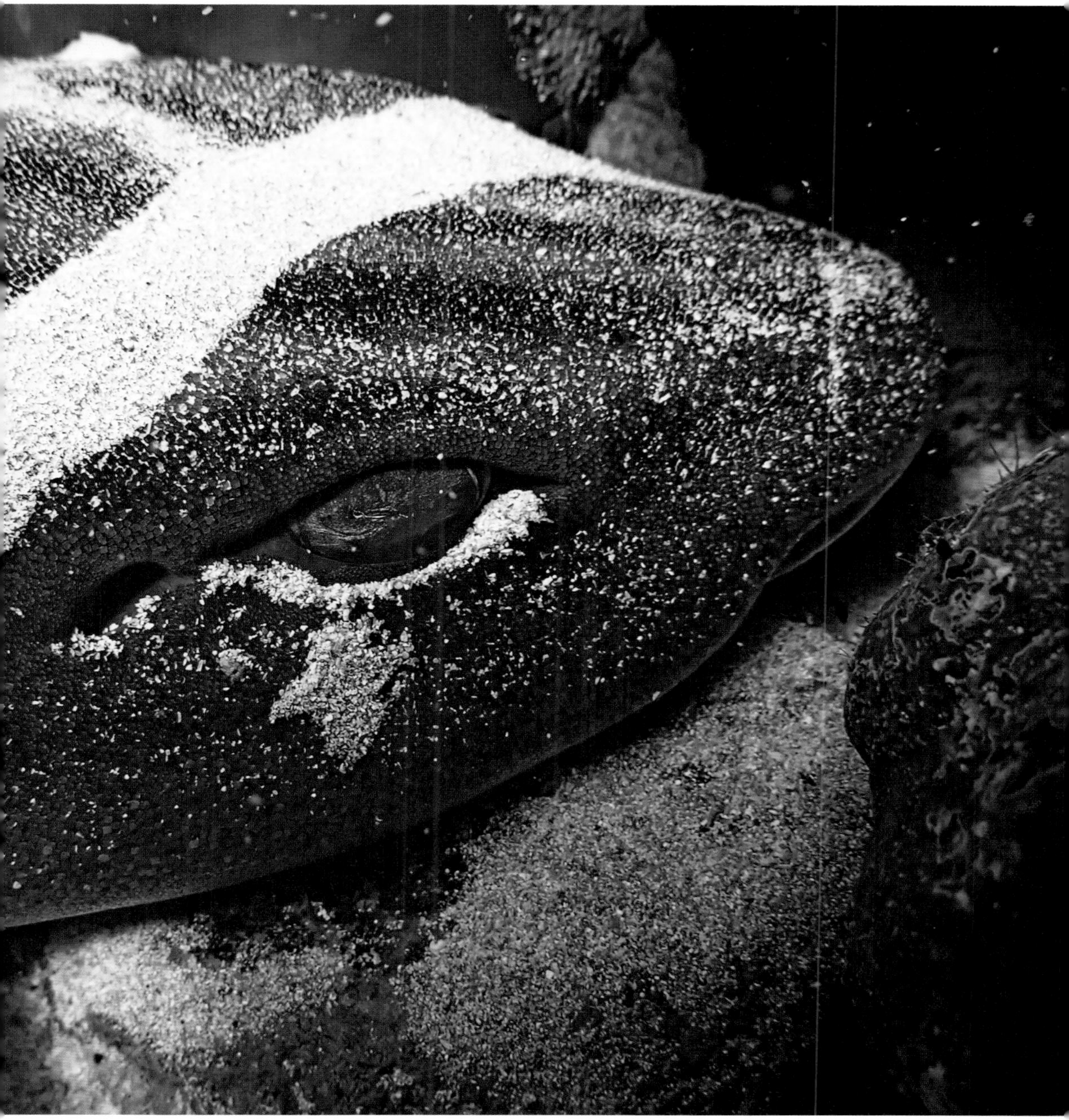

나는 이 거대한 매가오리에게 조심스럽게 다가가 느긋한 모습을 보여주었다. 나는 매가오리 날개 위에 쌓인 미세한 모래층에서 다른 연체동물이 남긴 자국을 확인했다. 그것을 단서로 가오리가 모래 위에 얼마나 오랫동안 머물러 있었는지 대략 계산할 수 있었다(이 경우에는 적어도 한 시간). 이것은 내가 개발하고 있던 거대한 수중 추적법 퍼즐 중 일부로, 시포리스트의 복잡한 매트릭스를 이해할 수 있는 흥미진진한 방법이었다.

○

아프리카민발톱수달은 매우 낯을 가리는 동물이어서 사람을 피한다. 대개 나는 사냥을 하러 물속으로 들어간 수달의 자국만 발견하는 데 그친다. 수달의 똥을 분석하면, 가장 좋아하는 먹이가 붉은바위게와 가재, 중간 크기의 산호초 물고기임을 알 수 있다. 나는 겨울철에 파도가 거셀 때에는 아프리카민발톱수달이 갯쥐며느리를 많이 먹으면서 살아남는 것을 보았다.

수달과 상어가 만난 흔적을 자주 볼 수 있는데, 잡아먹히는 쪽은 대개 다크샤이샤크dark shyshark이다. 수달은 주로 그 머리(뇌)와 장기(특히 영양분이 많은 간)를 먹고, 암모니아를 많이 함유한 살과 몸통은 남방큰재갈매기가 뜯어먹도록 남긴다. 이 책의 편집자인 피파는 거의 다 자란 수달 세 마리가 다크샤이샤크를 함께 뜯어먹는 이 장면을 운 좋게 촬영했다. 이 수달들은 특이하게 장기를 먼저 먹고 나서 샤이샤크의 살도 대부분 먹어치웠다.

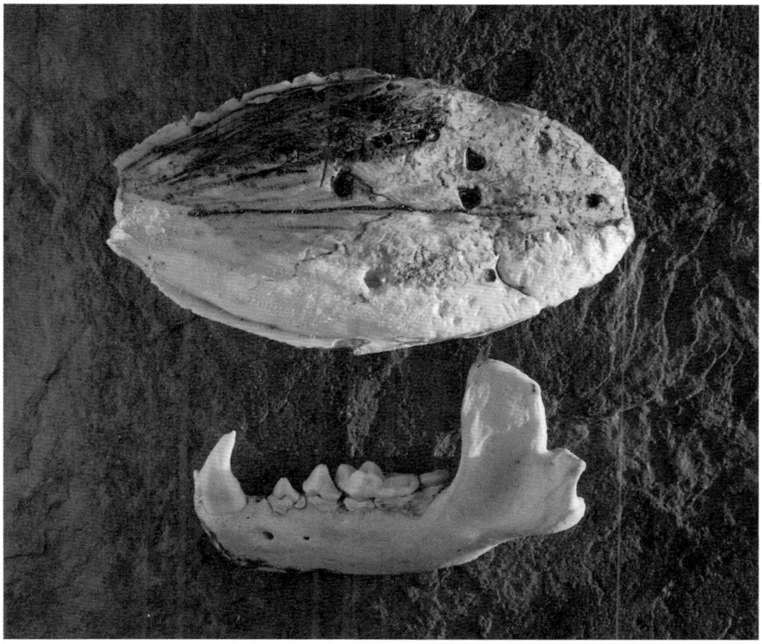

○

내가 경험한 것 중 가장 흥미로운 추적은 외딴 암석 해변에서 일어난 수달 추적이었다. 나는 그때까지 본 것 중 가장 기이한 발자국을 역추적했는데, 그 발자국은 약 50미터나 뻗어 있었다. 그것은 마치 화가가 돌 위에 검은색으로 수달 발자국을 완벽하게 그려놓은 것처럼 보였다(왼쪽 사진). 그러다가 갑자기 발자국은 검은색 잉크로 넓게 덮여 있는 지점에서 멈췄다. 문어나 갑오징어를 입에 물고서 물속에서 나와 해변으로 올라오는 수달이 내 마음속에 떠올랐다. 수달은 두족류를 먹으면서 발에 먹물을 잔뜩 묻혔다. 그러고 나서 걸어가면서 반들반들한 돌들 위에 완벽한 먹물 발자국을 남겼다. 나는 수달이 두족류를 죽인 장소 부근의 돌들 밑을 살피다가 갑오징어 뼈를 발견했는데, 거기에는 수달의 이빨 자국이 남아 있었다(위쪽 사진). 이것은 이 경이로운 추적 퍼즐의 마지막 조각이었다.

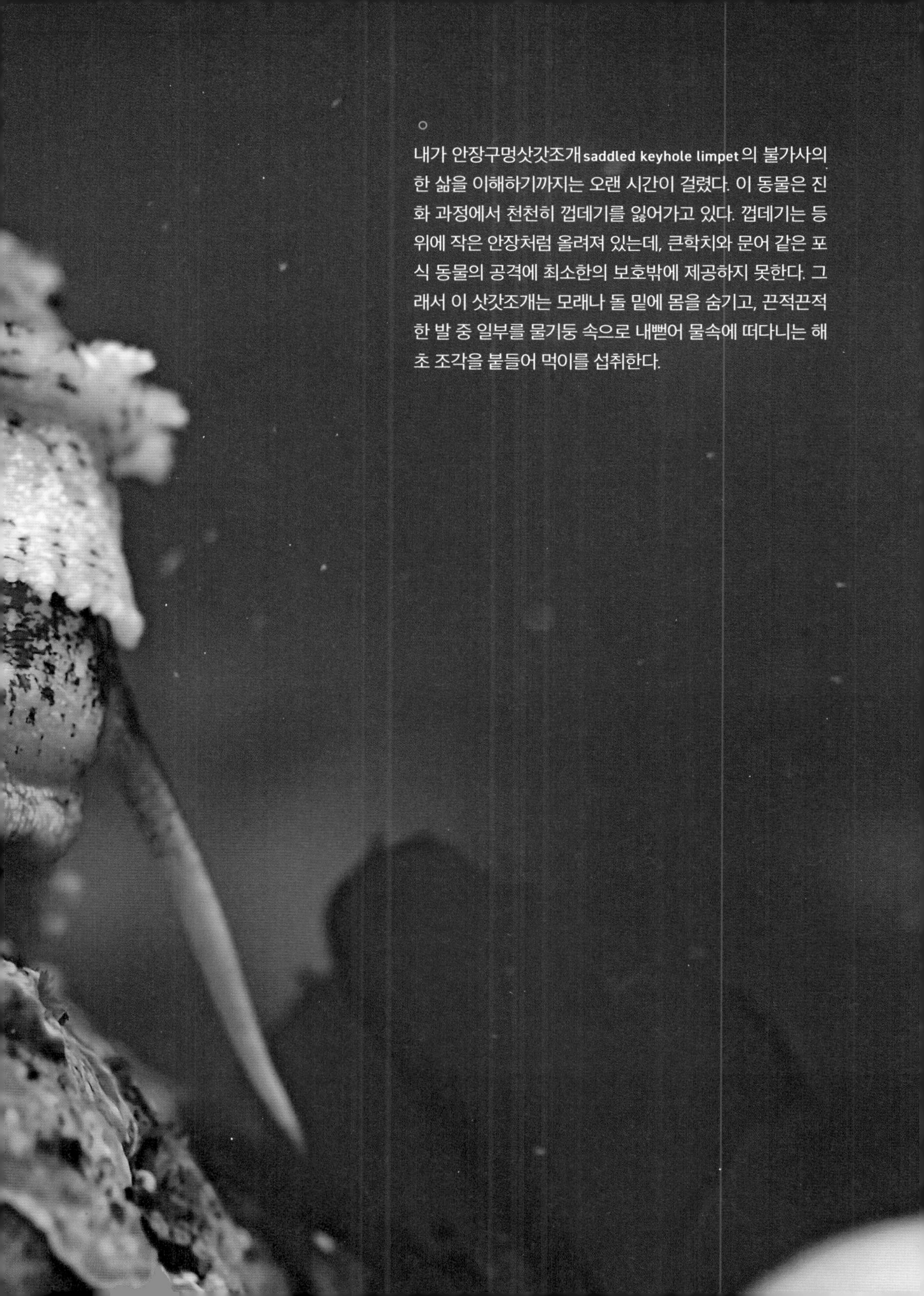

○

내가 안장구멍삿갓조개saddled keyhole limpet의 불가사의한 삶을 이해하기까지는 오랜 시간이 걸렸다. 이 동물은 진화 과정에서 천천히 껍데기를 잃어가고 있다. 껍데기는 등 위에 작은 안장처럼 올려져 있는데, 큰학치와 문어 같은 포식 동물의 공격에 최소한의 보호밖에 제공하지 못한다. 그래서 이 삿갓조개는 모래나 돌 밑에 몸을 숨기고, 끈적끈적한 발 중 일부를 물기둥 속으로 내뻗어 물속에 떠다니는 해초 조각을 붙들어 먹이를 섭취한다.

모든 껍데기는 동물의 생애를 보여주는 영구적인 자국 또는 시각적 표상이다. 모자처럼 생긴 이 삿갓조개 껍데기는 수중 추적자가 시간을 거슬러 올라 이 동물의 삶을 재구성하는 작업을 도와준다. 모자 중 경사가 가파르고 뾰족한 부분은 이 삿갓조개의 생애 중 시작 부분을 보여주는데, 그때 삿갓조개는 활동 범위가 아주 좁은 지역에 국한돼 있었고 옆 방향으로 자랄 수가 없어 수직 방향으로 자랄 수밖에 없었다. 돌에 들러붙기 위해 큰 표면적이 필요한 동물에게 이것은 결코 이상적인 조건이 아니다. 모자 가장자리는 삿갓조개의 생애 중 나중 시기를 보여주는데, 이 시기에 삿갓조개는 활동 범위의 제약이 덜했고 옆 방향으로 자랄 수 있어 돌 표면에 들러붙는 능력을 높일 수 있었다.

○

위쪽 화강암삿갓조개의 혀에 난 이빨은 알려진 생물 물질 중 가장 단단한 침철석針鐵石으로 이루어져 있다.

오른쪽 이것은 켈프삿갓조개가 켈프 엽상체를 먹으면서 남긴 이빨 자국이다.

○

껍데기의 색 패턴을 보면, 어린 전복이 무엇을 먹었는지 추적할 수 있다. 전복은 처음에는 자연계에서는 보기 드물게 세균과 조류藻類 포자체를 먹다가 켈프를 먹는 것으로 식성이 바뀐다. 그리고 여기서 그치지 않고 다시 세균과 조류 포자체를 먹기 시작하면서 식성이 계속 변한다. 빨간색은 세균 막과 관련이 있고, 파란색은 켈프와 관련이 있다. 껍데기와 심지어 물고기 머리에서 발견되는 뼈(귓속에 들어 있어 이석耳石이라 부르는)도 과거의 자국을 남긴다. 나무의 나이테처럼 이것들의 성장 패턴은 식성과 살았던 곳의 수온 등 동물의 삶에 대해 자세한 정보를 알려준다. 어디를 찾아야 하는지 알기만 한다면, 그런 자국은 도처에 널려 있다.

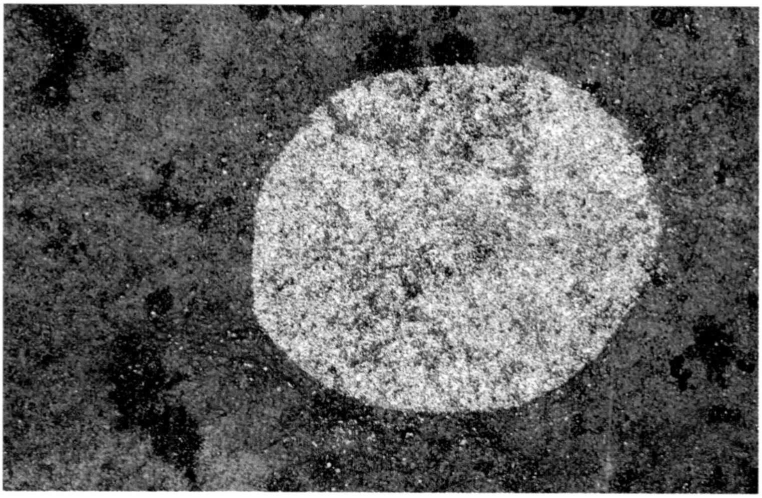

○

육지에서 노련한 박물학자에게 추적은 단지 모래 위에 남은 발자국을 따라가는 일에 불과한 것이 아니다. 그것은 소리와 냄새, 미소 서식지, 바람, 발톱과 부리 자국 등의 주요 단서를 파악하는 아주 복잡한 감각 과정으로, 심오한 지식의 그물을 파악하는 과정이다. 수중 추적과 조간대 추적도 본질적으로 동일하지만, 세부적인 단서에서 차이가 나고, 주로 시각에 의존해 추적 활동을 해야 한다.

왼쪽 모래와 점액이 섞인 이 자국은 무사삿갓조개warrior limpet가 미소 조류를 먹을 때 몸을 어떻게 회전시키는지 보여준다.

위쪽 이 원형 자국은 한 곳에 머물러 있던 삿갓조개가 남긴 것이다.

이것들과 같은 미세 단서들은 수천 개의 다른 자국들과 함께 야생 자연의 악기를 이루는 현과 건반이다. 이 악기들은 결국 추적자에게 우리가 원래 거기에 맞춰 자연과 함께 춤을 추던 교향곡을 들려준다.

여름이 깊어가면서 수온이 몇 도 더 올라갔고, 우리는 케이프 포인트에서 기억에 남을 만한 잠수를 많이 즐겼다. 우아한 매가오리를 비롯해 새로운 동물들이 내 눈에 보이기 시작했다. 나는 당연히 매가오리의 긴 꼬리를 경계했다. 춤추는 숲 사이로 누비며 나아가는 매가오리 뒤를 따라가니 바다의 맹금과 함께 나란히 날고 있는 듯한 기분이 들었다. 매가오리는 한동안 나의 존재를 참아주었지만, 그러다가 갑자기 숲의 임관 속으로 사라져버렸다.

크레이그는 아주 많은 상어 종이 모여들어서 자신이 사랑하는 만도 보여주었다. 왜 상어들이 그곳에 모이는지는 크레이그에게 큰 수수께끼였는데, 그 답을 알아내기까지 몇 개월이 걸렸다. 결국 만의 모양과 탁월풍과 너울이 밀려오는 방향 때문에 큰 폭풍이 지나간 뒤에 켈프가 그 만에 무더기로 밀려온다는 사실을 알게 되었다. 켈프가 썩으면, 냄새 고약한 그 유기 물질을 먹으려고 수백만 마리의 모래톡토기가 모여들고, 이것은 다시 협곡상어에 이르기까지 켈프 숲의 전체 먹이 사슬을 끌어들인다. 그곳은 아주 특별한 잠수 장소였는데, 물이 아주 따뜻하고 생물이 아주 풍부하게 존재했기 때문이다. 우리는 겨우 1미터 정도의 수심에서 다양한 상어 종 무리와 함께 헤엄을 쳤다. 가끔 상어들은 먹이를 먹는 데 정신이 팔려 우리에겐 신경도 쓰지 않았다.

또 한 번의 특별한 잠수는 케이프반도에서 내가 경험한 것 중 가장 따뜻한 22℃의 물에서 했는데, 우리는 밝은 주황색 불가사리들이 널려 있는 장소를 발견했다. 그런데 이 불가사리들은 아주 기괴한 행동을 보여주었다. 수백 마리가 함께 모여 넓은 지역을 뒤덮고 있었다. 불가사리들은 '팔' 끝으로 서 있었고, 그 주위에는 수많은 클립비스가 먹이를 노리고 미친 듯이 달려들었다. 자세히 관찰했더니, 불가사리들이 우유처럼 흰 물질을 내뿜고 있었는데, 우리는 그것이 아주 보기 드문 구애 행동이라는 사실을 알아챘다. 수십억 개의 아기 불가사리 씨앗이 물속에 떠다니는 우주를 헤엄치는 것은 아주 황홀한 경험이었다.

그레이트아프리칸시포리스트에서 번식은 한 가지 공통 주제이다. 어느 날, 우리는 배가 불룩한 암컷 두툽상어를 만났다. 우리는 이런 동물을 자주 보지만, 알을 낳는 상어를 보는 것은 특권이나 다름없었다. 알주머니가 나오기까지는 약 30분이 걸렸다. 우리는 그 상어가 나선 모양으로 헤엄을 치면서 알주머니의 덩굴손을 켈프 줄기에 휘감는 것을 지켜보았다. 알은 그곳에서 아홉 달 동안 머물다가 부화될 것이다.

짧은꼬리가오리는 시포리스트에서 좀체 보기 힘든 동물이다. 이 거대한 가오리는 몸길이가 4.3미터까지 자라는데, 꼬리에는 뻐끔살무사에게 물렸을 때처럼 조직 괴사를 일으키는(즉, 살을 썩게 하는) 치명적인 침이 있다. 짧은꼬리가오리는 위협을 느끼면 전갈처럼 꼬리를 거대한 몸통 위로 들어올린 뒤에 순식간에 찌른다. 나는 대니가 짧은꼬리가오리에 너무 가까이 다가갔을 때 이런 일이 일어나는 것을 본 적이 있는데, 그 위협적인 자세는 보기만 해도 공포스러웠다. 몇 달 뒤, 우리는 켈프 숲의 넓은 빈터에서 헤엄을 치다가 모래 속에 묻혀 있는 큰 짧은꼬리가오리를 보았다. 우리는 크게 놀랐는데, 몸 크기가 너무나도 커서 분간하기가 쉽지 않았던 게 한 가지 이유였다. 나는 이 가오리가 대개는 공격적이지 않다는 사실을 알고 있었지만, 대니의 경험을 기억하고는 경계를 늦추지 않았다.

그 가오리의 몸은 모래로 덮여 있었는데, 크레이그는 연체동물이 그 위로 기어가면서 남긴 여러 가지 자국을 가리켰다. 크레이그는 가오리를 향해 다가가더니, 극도의 인내심을 발휘하며 기다리다가 가오리를 살짝 만졌다. 나는 수면에서 그 장면을 지켜보면서 크레이그가 불필요한 위험을 또 한 번 감수하는구나 하고 생각했다. 가오리는 한동안 꼼짝도 않고 있다가 마치 우주선처럼 모래 위로 떠오르더니 다른 데로 가버렸다. 나는 비로소 안도했지만, 그때 예고도 없이 가오리가 천천히 몸을 돌리더니 우리를 향해 곧장 돌진했다. 이것은 내가 보고 싶었던 장면이 아니었다. 가오리가 점점 가까이 다가오더니 크레이그에게 달려들어 몇 초 동안 날개로 완전히 크레이그를 뒤덮었는데, 나는 그 광경을 믿을 수 없다는 표정으로 지켜보았다. 우리는 둘 다 크게 놀랐고, 가오리가 다시 멀리 헤엄쳐 가는 모습을 경외감을 느끼며 바라보았다.

나는 가끔 아들 조지프를 이 여행에 함께 데려갔고, 어린 시절부터 얕은 물에 들어가라고 권했다. 하지만 조지프는 바위 위에 앉아 내가 잠수하는 모습을 지켜보길 더 좋아했다. 나는 조지프에게 시포리스트가 내게 얼마나 특별한 곳인지 보여주고 싶었고, 그래서 얕은 곳에서 문어나 해파리나 작은 상어를 발견하면, 그리로 헤엄쳐가 그 동물을 조지프에게 보여주었다. 조지프는 안전한 거리에서 지켜보면서 즐거워했다. 내가 가장 좋아하는 시포리스트의 동물 중 하나는 슈퍼클립비스인데, 이 물고기는 놀랍도록 다양한 패턴과 색을 보여준다. 나는 이 물고기가 호기심이 아주 많다는 사실을 발견했는데, 내 얼굴 앞까지 바싹 다가와 나보고 자신을 만지라고 도발하는 듯했다. 하지만 내가 만지려고 하면, 꼬리를 잽싸게 흔들면서 순식간에 저만치 달아나 놀리는 듯한 눈으로 나를 비웃었다. 나는 조지프에게 보여주기 위해 한 마리를 잡으려고 한참 동안 애를 썼다. 크레이그는 이러한 나의 시도를 우스꽝스럽게 여겼고, 클립비스를 맨손으로 잡는 것은 거의 불가능하다고 여러 차례 반복해서 알려주었다.

잠수를 마치고 나면, 크레이그와 조지프는 해변에서 하염없이 놀았다. 가끔 조지프보다 몇 살 위인 크레이그의 아들 톰도 합류했다. 나는 크레이그가 말도 안 되는 게임을 지어내 조지프와 함께 노는 것을 보며 흐뭇했는데, 조지프보다 크레이그가 더 즐거워하는 게 아닌가 하는 의심이 들었다. 크레이그가 아주 좋아한 게임은 '플라이 보이Fly Boy'로, 조지프를 공중으로 최대한 높이 던져올린 뒤에 내려오는 조지프를 붙잡는 것이었다. 놀랍게도 조지프도 이 게임을 좋아했지만, 나는 마음이 조마조마했다. 나는 또한 크레이그가 조지프와 마치 서로에게 에너지를 불어넣는 것처럼 너무나도 쉽게 어울려 노는 것을 보고 놀라는 한편으로 슬픈 마음도 들었다. 알 수 없는 이유로 나는 함께 어울릴 수가 없었고, 그 때문에 마음이 무거웠다.

톰도 아주 어린 시절부터 우리의 잠수에 동참했다. 톰은 여덟 살 때부터 아주 추운 날에 깊은 물속을 잠수하는 우리를 따라왔다. 톰은 처음부터 상어들과 아주 특별한 관계를 맺었는데, 상어들은 늘 톰이 가까이에 다가오는 것을 편안하게 여기는 것 같았다. 파자마상어는 특히 톰에게 편안함을 느꼈고, 톰이 만져주면 금방 트랜스 상태에 빠졌다. 나는 이 소년이 한 팔에 하나씩 큰 상어 두 마리를 마치 강아지처럼 붙들고 있는 모습을 보고서 믿을 수가 없어 크게 웃었다. 나는 어린이를 시포리스트로, 특히 잘못하면 물릴 수도 있는 상어들 주위로 데려가는 것이 과연 현명한 행동인지 의심이 들기도 했지만, 이러한 염려를 겉으로 표현한 적은 한 번도 없었다.

여름이 저물어가자 나는 기분이 아주 좋았다. 아무도 알려고 하지 않고 신경도 쓰지 않는 켈프 숲에서 너무나도 많은 일이 일어나는 것에 경이로움을 느꼈다. 가장 기묘한 일들이 일어나는 황야가 바로 우리 문 앞에 있었다. 어느 날 저녁, 크레이그는 혼자서 보디서핑bodysurfing(서프보드 없이 하는 파도타기)을 하러 갔다가 아프리카민발톱수달을 만나 인생이 바뀌는 경험을 했다. 크레이그는 파도 사이에서 쉬고 있을 때, 평소에 매우 은밀하게 행동하고 사람을 피하는 이 동물들이 자신을 향해 다가와 부드러운 발로 자신을 탐구하기 시작한 이야기를 들려주었다. 아프리카민발톱수달은 크레이

**그곳은 아주 특별한 잠수 장소였는데,
물이 아주 따뜻하고 생물이 아주 풍부하게
존재했기 때문이다. 우리는 겨우 1미터 정도의
수심에서 다양한 상어 종 무리와 함께
헤엄을 쳤다. 가끔 상어들은 먹이를 먹는 데
정신이 팔려 우리에겐 신경도 쓰지 않았다.**

그의 발을 만지다가 천천히 위쪽으로 옮겨오면서 마침내 사람처럼 생긴 기묘한 손가락으로 얼굴을 만졌다. 그 수달은 30분 동안이나 크레이그와 함께 놀았는데, 마치 수중 곡예사처럼 해저 바닥을 딛고 튀어오르면서 신체적 접촉을 위해 여러 차례 되돌아왔다.

이 경험으로 크레이그는 경외감과 당혹감과 흥분을 느꼈다. 이 이야기를 들었을 때, 나는 수달이 왜 위험한 포식 동물일지도 모르는 존재와 놀려고 목숨을 건 위험을 감수했는지 이해하기 어렵다는 의견에 동의했다. 크레이그는 그 경험을 하는 동안과 그 후에 일종의 황홀경을 느꼈다고 말했으며, 그것은 마치 강렬한 전환을 경험하는 듯했다고 덧붙였다. 나는 그것을 어떻게 이해해야 할지 몰랐지만, 잠수와 크레이그의 광기를 즐겼기 때문에, 그가 자신만의 판타지 왕국에 푹 빠지건 말건 그것은 내게 별로 중요하지 않았다.

시포리스트와 조간대는 로스가 말한 '판타지 왕국'처럼 보일 수도 있지만, 사실은 많은 동물이 살고 있는 아주 현실적인 장소이다. 이 경이로운 동물들은 오랜 세월에 걸쳐 진화가 빚어낸 산물이다. 수백 마리의 동물이 우글거리는 조수 웅덩이를 바라보던 내 눈에 내 그림자가 언뜻 들어왔고, 나보다 앞서 존재한 수많은 세대의 사람들이 문득 떠올랐다. 우리는 지구에 존재한 전체 시간 중 90%를 자연 곁에서 작은 무리를 지어 살았고, 야생 자연을 깊이 그리고 섬세하게 이해했다.

우리는 적응 능력이 아주 뛰어나지만, 우리 뼛속에 깊이 새겨진 야생의 본성이 계속해서 정신 속에 나타난다. 우리는 야생의 뿌리를 갈망한다. 그 욕구를 충족시키지 못하면, 우리는 인간성을 잃고 소외감을 느낀다. 우리는 잡종, 즉 길을 잃고 점점 심해지는 광기의 악순환 고리에 휘말린 존재가 된 듯한 느낌을 받는다. 우리의 근원, 우리의 기원으로 한 걸음 되돌아갈 때마다 우리는 사랑에 더 가까이 다가가는데, 사랑은 우리 내부 어딘가에서 잘 알려져 있고 소중하게 여겨진다. 모든 사람은 야생의 본성을 갖고 태어난다. 그것은 지울 수 없는 흔적이다. 야생 생활은 수렵 채집인의 지위로 돌아가는 것이 아니다. 그것은 야생과 관계를 맺는 것이고, 야생 자연의 본질 중 일부를 알고 그것을 우리 정신 속에서 살아가도록 하는 것이다.

○

보기 힘든 오렌지브로툴라orange brotula가 나를 지켜보고 있다. 매우 낯을 가리는 이 물고기는 보호하는 지형지물이 많은 만의 바위 밑에서 살아간다. 잠수를 시작하고 나서 1년 동안 나는 내가 보지 못하는 존재들이 나를 지켜보고 있다는 느낌을 줄곧 받았다. 나를 지켜보는 시선이 얼마나 많은지 깨닫기까지는 많은 해가 걸렸다. 잠수를 한 번 할 때마다 수천 개의 눈들이 나를 지켜보았다. 이 눈들은 진화의 나무에서 수억 년 전에 우리가 속한 척추동물 가지에서 따로 갈라져나간 가지들에서 발달했다.

나는 가끔 이 동물들의 마음속으로 들어가 이들의 눈과 뇌로 나라는 인간 형태를 본다. 성게의 관족에 있는 기이한 눈(제대로 된 눈이라기보다는 광수용기에 가깝지만)을 통해 나는 화소로 나누어진 나 자신의 모습을 본다. 그것은 빛을 배경으로 움직이는 어두운 형체에 지나지 않는다. 갑오징어의 눈으로는 다소 선명한 나 자신의 흑백 이미지를 보는데, 가장자리에는 여러 가지 색이 흐릿하게 뒤섞인 색수차가 나타난다. 비록 이 두족류는 흑백으로 세상을 보지만, 그 영리한 뇌는 색수차를 이용해 자기 몸을 주변과 일치하는 데 필요한 색을 파악하고 그럼으로써 몸 색깔을 그에 맞춰 변화시킨다.

나의 먼 조상들이 가졌던 이 놀라운 생물학적 천재성과 뛰어난 감각 능력 앞에서 나는 절반의 깨달음만 얻은 채 숲을 돌아다니는 멍청이가 된 듯한 느낌이 든다. 나는 똑똑한 바보, 잘 교육받았지만 지혜는 거의 없는 존재이다. 나는 이 특별한 동물들에게서 배워야 할 것이 너무나도 많다.

왼쪽　켈프 줄기 중간쯤에서 자라는 멍게 사이에 거꾸로 매달린 채 자신의 모습을 위장하고 있는 켈프클립비스.

위쪽　시포리스트에 숨어 있는 눈들: 자이언트클링피시, 갑오징어, 퍼프애더샤이샤크, 조개낙지.

○

얕은 웅덩이에서 로스와 나는 임신한 애자일클립비스 agile klipvis가 커다란 삿갓조개 껍데기 속에서 쉬고 있는 이 고전적인 장면을 보았다. 우리는 애자일클립비스의 신경을 건드리지 않으려고 천천히 움직였다.

매일 자연에 다가가고 그 작용을 깊이 이해하려는 노력은 원래의 설계와 일치하게 해준다. 조수와 동물들, 달과 켈프, 새 울음소리, 철썩이는 파도, 동물의 자국 등으로 이루어진 지각된 외부 세계……. 이것들은 모두 인간 내면의 정신을 비추는 거울이다. 이것들은 우리를 정의한다.

만약 이 미묘한 것들을 야수 같은 산업 사회 생활의 역학—자동차 타이어의 날카로운 마찰음, 텔레비전 뉴스, 에어컨, 백색 소음—으로 대체한다면, 우리의 정신은 원초적 마음을 혼란에 빠뜨리는 것들로 가득 찬, 정신분열적 장소가 되고 만다. 낯익은 것은 아주 드물고, 지옥에서 온 듯한 시각과 청각 신호의 홍수 속에서 섬세하게 조율된 원시 감각계는 죽고 만다. 그것은 깨어 있는 인간의 진정한 죽음이다. 이전에 웅장했던 우리는 껍데기만 남아, 어둠 속에서 산산조각난 정신을 치료하려고 미친 듯이 애쓰면서 여기저기를 더듬을 뿐이다.

○

남아프리카 공화국의 켈프 숲에만 서식하는 클립비스는 최소한 24종이나 된다. 공작클립비스peacock klipvis 같은 종은 쉽게 알아볼 수 있지만, 여러 가지 색과 패턴을 갖고 있어 확인하기가 까다로운 종도 있다. 노즈스트라이프클립비스nose-stripe klipvis는 조간대에서 사는데, 몸이 축축한 상태를 유지하기만 한다면 물 밖에서도 몇 시간 동안 살아남을 수 있다.

클립비스의 왕은 슈퍼클립비스이다. 과감하고 카리스마가 넘치는 이 물고기는 켈프 숲에서 우리를 따라다니는데, 사진발이 아주 나쁜 물고기이다. 우리는 슈퍼클립비스가 문어 뒤를 쫓아다니는 광경을 자주 보는데, 문어가 사냥을 하거나 굴을 팔 때 쫓겨나는 작은 동물을 기다린다. 나는 이들을 조커라고 부른다. 가끔 문어가 슈퍼클립비스를 잡아먹는 경우도 있지만, 대개 우리가 보는 장면은 슈퍼클립비스가 문어의 팔 끝을 물거나 문어가 먹이를 잡았을 때 슈퍼클립비스가 문어를 괴롭히는 모습이다.

로스는 슈퍼클립비스와 극적인 순간을 가졌다. 나는 로스에게 숲에서 어떤 종들은 나에게 다가와 신체 접촉을 시도한다고 말해왔는데, 로스는 특별한 관계를 맺은 슈퍼클립비스 이야기를 줄곧 했다. 솔직히 말하면, 나는 그 말을 의심했다. 비록 이 종은 과감하고 호기심이 많긴 하지만, 나와 신체 접촉을 한 적이 한 번도 없었다. 그래서 로스가 이 큰 동물이 자신의 손 안에서 일종의 마비 상태에 빠졌고, 자신과 함께 수면까지 올라왔다고 말했을 때, 나는 그 말이 곧이곧대로 믿어지지 않았다. 그러자 로스는 촬영한 영상을 보여주었다. 나는 깜짝 놀랐다. 어떻게 그랬는지는 몰라도 로스는 이 미끌미끌한 동물의 신뢰를 얻는 데 성공했다. 나는 이 물고기가 로스의 손 안에서 한동안 꼼짝도 않고 가만히 있다가 마침내 트랜스 비슷한 상태에서 깨어나 천천히 떠나던 모습을 결코 잊지 못할 것이다.

○

군소는 수명이 1년밖에 안 되고, 알을 낳자마자 죽는다. 어떤 해에는 군소가 눈에 많이 띄지만, 어떤 해에는 우리의 잠수 장소와 조수 웅덩이에서 그 모습을 보기가 어렵다. 큰안경무늬군소는 보통은 몸 색깔이 갈색인데, 사진에 찍힌 큰안경무늬군소는 특이한 색을 띠고 있다. 이 종은 아주 크게 자라며(몸길이가 최대 30센티미터까지), 무게도 많이 나간다. 연한 몸은 포식 동물에게 취약해 보이지만, 몸에 독소가 있고 몸을 숨기는 위장술이 뛰어나다. 나는 군소 시체를 씹어먹었다가 죽은 개 이야기를 들은 적이 있다. 알은 밝은 노란색 스파게티처럼 보이는데, 눈에 잘 띄지 않게 숨어 사는 이 동물을 추적하는 데 좋은 단서가 된다.

○
가시군소. 등 바로 위에 떠 있는 것은 자주새우이다.

○

분홍갯민숭이cowled nudibranch는 포식성 갯민숭달팽이로, 밝은 색은 자신의 몸에 독이 가득하다는 사실을 널리 알린다. 머리에는 비교적 큼지막한 팽창성 젤라틴질 그물이 달려 있는데, 이것을 던져 사냥을 한다. 분홍갯민숭이는 그물을 던지고 나서 바닷물로 채워 부풀리는데, 아마도 그물 면적을 늘려 먹이를 많이 잡으려고 그럴 것이다. 우리는 분홍갯민숭이가 자신의 그물과 바위 사이에 단각류端脚類(절지동물 갑각강의 한 목目)를 가두고 나서 80여 개의 촉수를 사용해 서서히 먹잇감 대부분을 조여 잡는 모습을 지켜보았다. 일부는 빠져나갔지만, 분홍갯민숭이는 나머지 단각류를 집어삼켰다. 우리는 분홍갯민숭이가 밝은 색의 새우를 붙잡는 모습을 보고 경탄했는데, 그 새우는 그물로 간신히 가둘 만큼 컸기 때문이다. 새우가 발버둥을 치자 그물 곳곳이 삐죽 솟아나왔지만 탈출구는 없었다. 분홍갯민숭이는 그물을 또다시 던져 비늘로 덮인 큰 등각류를 붙잡았다. 놀랍게도 분홍갯민숭이는 먹이를 분석하는 듯하더니 뱉어냈다. 처음에 우리는 이것을 이상 행동으로 여겼지만, 우리는 분홍갯민숭이가 비늘이 있는 등각류를 버리고 즙이 많은 단각류를 집어삼키는 장면을 많이 관찰하고 촬영했다.

위쪽　노란색 장미 같은 물체는 분홍갯민숭이의 알이다.

수천 번의 잠수를 하는 동안 남아프리카갯가재cape mantis shrimp를 본 것은 딱 한 번밖에 없다. 나는 높은 임관에서 바깥쪽으로 멀리 나가 켈프 꼭대기 사이에서 헤엄치고 있을 때 이 아름다운 갯가재를 발견했다. 남아프리카갯가재는 헤엄을 아주 잘 치며, 앞 집게발에 달린 작살은 용수철이 달린 것처럼 홱 튀어나가는데, 이것으로 물고기를 꿰뚫어 사냥한다. 몇몇 물고기가 다가오다가 이 치명적인 갯가재를 보자마자 재빨리 몸을 돌려 휙 달아났다.

○

로스와 내가 얕은 산호초 지역을 지나갈 때 수온은 22℃로 비정상적으로 따뜻했는데, 이곳에서 우리는 마법과도 같은 장면을 보았다. 약 10미터를 갈 때마다 그물불가사리가 바위 위로 높이 기어 올라가 평소에 납작하던 몸을 들어올려 피라미드 모양으로 만들었다. 처음에 나는 무슨 일이 일어나는지 몰랐지만, 불가사리의 몸에서 흰색 액체가 미세하게 뿜어져 나오는 것을 발견했다. 불가사리는 알을 낳고 있었다. 로스는 그 정자를 먹는 클립비스를 목격했다.

내가 이 경이로운 행동을 목격한 것은 이번이 처음이었고, 우리는 둘 다 희열을 느꼈다. 해양 동물에게 알을 낳도록 자극하는 촉발 요인은 여러 가지가 있다. 염분 변화나 먹이의 풍부성 변화가 촉발 요인이 될 수도 있지만, 나는 이 불가사리의 경우에는 비정상적으로 높은 수온이 그 요인이었다고 생각한다.

○
문어와 오징어를 비롯해 많은 포식 동물은 붉은바위게를 잡아먹는다. 나는 지능이 아주 높은 두 족류가 붉은바위게를 사냥하는 모습을 지켜보다가 붉은바위게가 이 위기에서 벗어나 달아나는 것을 보고 경탄한다. 붉은바위게는 가끔 전속력으로 켈프 숲 임관으로 헤엄친 뒤, 켈프 꼭대기에서 다음 켈프 꼭대기로 수면 위에서 종종걸음으로 달려간다.

붉은바위게가 공격을 피하는 또 한 가지 놀라운 방법은 가짜자두말미잘false plum anemone의 자세포 밑에 숨는 것이다. 붉은바위게의 딱딱한 외골격은 말미잘의 자세포에 닿아도 괜찮지만, 문어와 갑오징어의 연한 몸은 그렇지 않다.

○

왼쪽 수달에게 내장이 뜯긴 큰학치 시체가 모래말미잘에게 흘러와 천천히 집어삼켜지고 있다.

위 왼쪽 말미잘의 알들이 물속으로 흘러나가고 있다. 수천 개의 알 중 극소수만이 수정되어 말미잘로 자란다.

위 오른쪽 알을 내뿜는 말미잘.

○

몇 년에 한 번씩 나침반해파리가 깊은 바다에서 켈프 숲으로 몰려와 황금색 켈프 엽상체들 사이에서 빨간색 불빛처럼 빛난다. 거대한 가짜자두말미잘이 해파리를 하나씩 차례로 집어삼킨다. 심지어 남아프리카성게도 물에 떠다니는 해파리를 붙잡아 5개의 날카로운 이빨로 그 몸을 가르고 살을 먹는다. 처음에 나는 성게가 켈프만 먹는다고 생각했지만, 얼마 지나지 않아 동물도 먹는다는 사실을 발견했다. 성게는 죽은 가마우지 시체를 며칠 만에 뼈만 남기고 먹어치운다.

○

왼쪽　작은 모래해변말미잘은 놀라운 생존 전략을 사용하는데, 바로 태양 에너지를 이용하는 방법이다. 모래해변말미잘의 투명한 몸으로 통과하는 햇빛을 이용해 녹조류가 광합성을 하면서 성장한다. 모래해변말미잘은 사실상 몸속에 농장이 있는 셈인데, 거기서 녹조류를 재배해 섭취한다.

위쪽　좋은 서식지를 놓고 싸우는 두 가짜자두말미잘. 이런 싸움에서 한쪽 말미잘이 죽는 경우도 종종 있다. 말미잘은 싸우거나 먹이를 잡기 위해 몸을 고무 밴드처럼 멀리 뻗을 수 있다. 아주 드물게 발에 해당하는 족반을 천천히 움직여 이동하기도 하지만, 대개는 족반이 바위에 영구적으로 들러붙어 있다. 바깥쪽 가장자리에 늘어서 있는 둥근 촉수들은 싸울 때 사용하는데, 먹이를 잡는 데 쓰는 긴 촉수들보다 더 강하다.

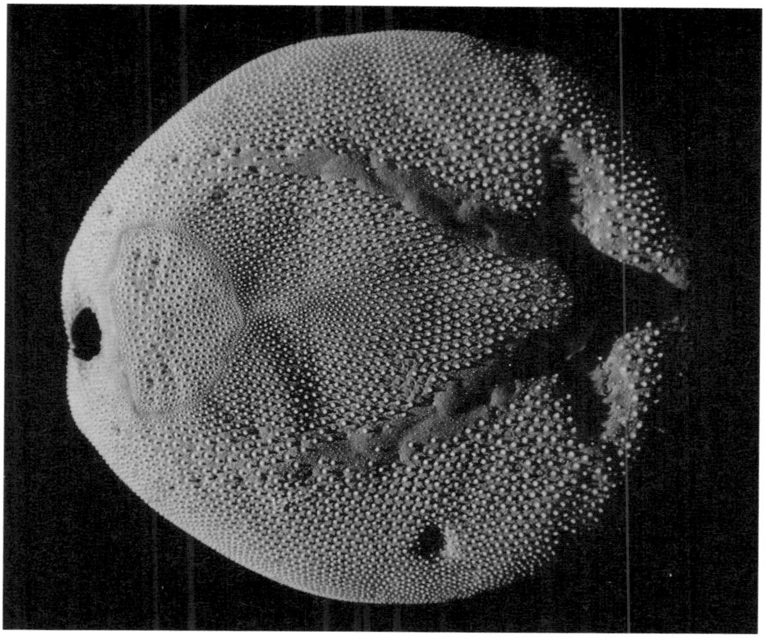

○

잔돌이 섞인 모래에 땅굴을 파고 숨어 지내는 염통성게는 시포리스트에서 수수께끼의 동물 중 하나이다. 땅굴은 작은 입자를 붙드는 쓰레기 함정 역할을 하는데, 떨어지는 입자는 켈프가 대부분이다. 성게는 기본적으로 모래를 먹는데, 특수한 기관으로 입자를 분석한 뒤에 집어삼킨다. 껍데기 안쪽 대부분에는 약 1미터 길이의 소화관이 가득 차 있으며, 소화관은 모래에서 영양 물질을 추출해 섭취한다.

나는 염통성게를 보러 갈 때, 친구인 해양생물학자 야네스 란트쇼프Jannes Landschoff를 함께 데리고 갔다. 함께 염통성게를 자세히 관찰할 때, 야네스는 성게의 몸에 작은 동물이 붙어 있는 것을 발견했다. 염통성게의 가시 사이에서 공생하는 종은 세 종인데, 각각 다모류, 이패류, 단각류에 속한 종이다. 우리는 이 발견을 찰스 그리피스 교수에게 알렸는데, 예비 조사 결과에 따르면 이들은 모두 새로운 종이다.

○

일 년에 몇 차례 외계의 방문객이 시포리스트를 찾아온다. 황금 왕국에 들른 이들은 외부 은하—외해의 심해—에서 온 손님들이다. 이들의 방문은 불과 몇 시간만에 끝나고 만다. 이들의 연약한 몸은 녹아버리거나 물살에 휩쓸려 해변으로 밀려 올라간다. 시가처럼 생긴 몸과 반짝이는 빛 때문에 이들은 정말로 외계 생명체처럼 보인다. 빗해파리(위)의 경우, 몸에서 나는 빛은 생물 발광에서 나오는 것이 아니라, 이동을 위해 작은 빗을 퍼덕일 때 산란되는 빛이다. 외계의 방문객 중에는 그 외에도 살파(오른쪽)와 관해파리, 다른 종류의 해파리 등이 있다. 해가 질 무렵의 짧은 시간 동안 이들은 수면에서 무리를 지어 다니는데, 그러면 시포리스트는 투명하고 빛나는 생명체들이 들끓는 환상적인 3차원 바다 풍경으로 변하고, 정말로 동화 나라에 온 듯한 느낌이 든다.

이 사진은 물속에서 수면을 올려다보며 찍은 것이다. 이 동물은 보라고둥이다. 큰 바람과 큰 너울 뒤에 우리 해변에 자주 밀려오는 보라고둥은 세 종이 있다. 보라고둥은 바닥에 서식하는 실꾸리고둥에서 진화했는데, 실꾸리고둥은 지금도 살아남아 있다.

보라고둥은 외해의 수면에서 스스로 만든 거품 줄기에 매달려 살아가는데, 거품 줄기는 굳으면 단단한 뗏목이 된다. 우리는 이 종이 뗏목 위에서 알을 품어 새끼를 부화시키는 걸 보고 흥분했다. 알들은 여러 가지 색을 띠고 있는데, 새로 낳은 알은 분홍색인 반면, 낳은 지 오래되고 더 발달한 알일수록 더 어두운 색을 띤다.

보라고둥은 작은부레관해파리(영어로는 bluebottle)를 먹고 산다. 작은부레관해파리 무리가 해변으로 밀려왔을 때, 자세히 살펴보면 작은부레관해파리를 뜯어먹는 이 고둥들을 볼 수 있다.

○

152-154쪽　푸른우산관해파리는 바다 표면에서 살아간다. 몸은 둥글고 납작한 기포체와 고리 모양으로 늘어선 '촉수'로 이루어져 있는데, 촉수는 사실은 히드라충류 군집이다. 촉수는 연약해서 푸른우산관해파리가 해변으로 밀려 올라갈 때 쉽게 떨어져나가며, 이처럼 온전한 푸른우산관해파리는 보기 어렵다. 푸른우산관해파리의 연한 부분이 모두 분해되고 나면, 흰색의 얇은 골격 원반만 남는다(위 왼쪽).

위 오른쪽　부표따개비buoy-barnacle는 떠다니는 물체라면 어떤 것(심지어 거북 등에까지)에건 들러붙어 넓은 바다를 여행한다. 마땅한 부표가 없으면, 물에 뜨는 흰색 해면 같은 물질을 내뿜고 거기에 들러붙어 떠다닌다.

○
작은부레관해파리는 톡 쏘는 단순한 동물처럼 보이지만, 실제로는 복잡한 사냥 기계를 이루어 함께 살아가는 네 가지 동물의 군집이다. 작은부레관해파리는 수동적인 동물처럼 보이지만, 기포체는 말라붙지 않도록 몇 분마다 한 번씩 좌우로 흔들리며, 톡 쏘는 촉수는 길이가 10센티미터이던 것이 10미터까지 늘어날 수 있다.

이 불운한 물고기는 꼬리가 작은부레관해파리의 촉수에 닿고 말았고, 그 바람에 촉수에서 가시가 발사되었다. 독은 꼬리를 넘어 살까지 침투하지는 않았고, 그래서 불운한 물고기는 작은부레관해파리를 기묘한 부표처럼 끌고 가면서 켈프 숲을 지나간다.

○

이 파란갯민숭달팽이는 넓은 바다에서 떠다니며 살아가는데, 작은부레관해파리를 잡아먹고 그 자세포를 몸속에 저장했다가 포식 동물을 물리치는 데 사용한다. 문헌에는 이 나새류가 사람에게 위험하다고 나오지만, 나는 여러 번 맨살이 파란갯민숭달팽이에게 닿았는데도 아무런 부작용이 없었다.

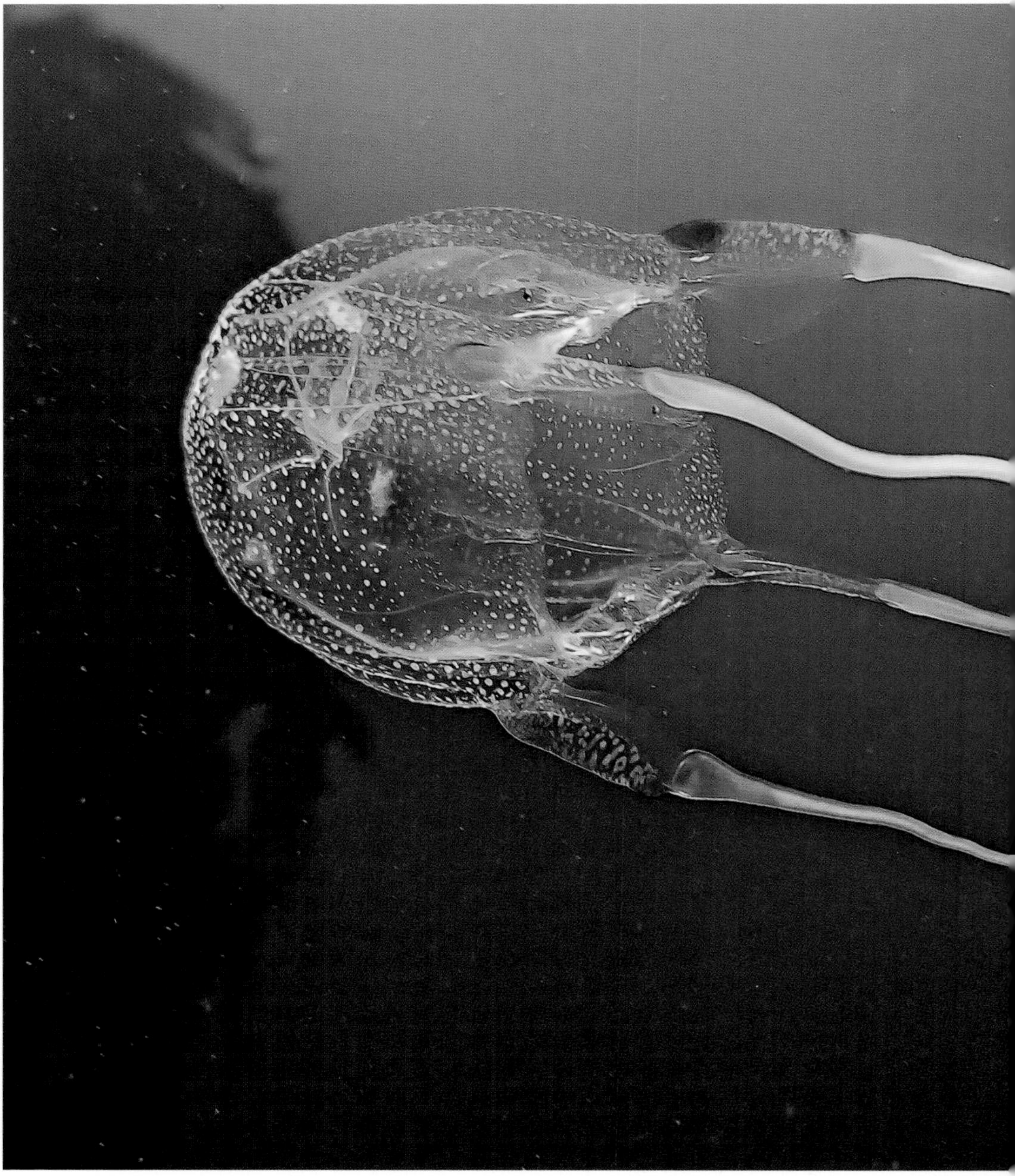

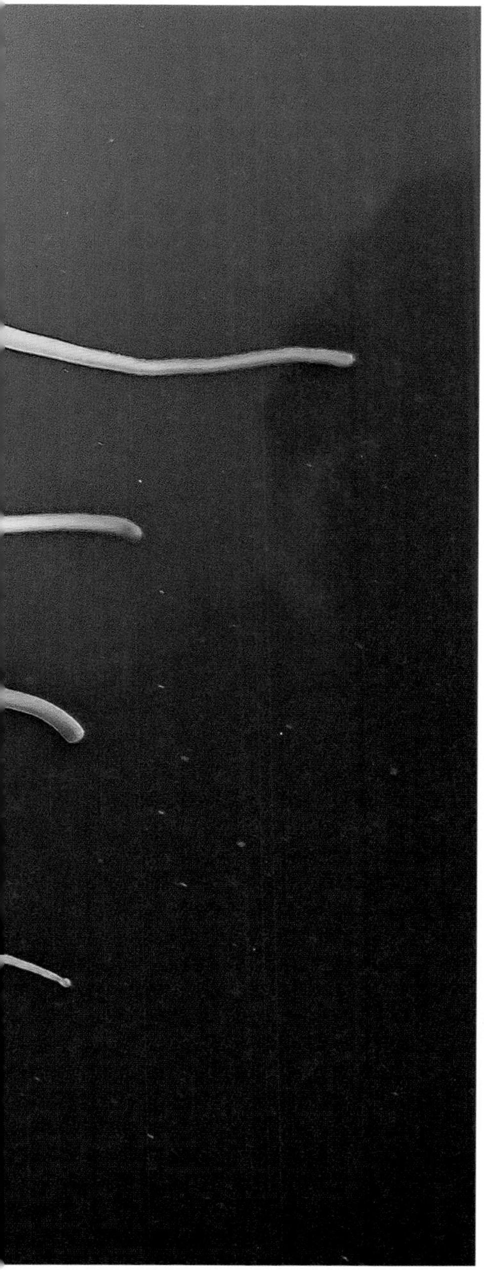

○

나는 이 상자해파리와 믿기 힘든 경험을 했는데, 이 일을 계기로 중앙 집중화된 뇌가 없는 동물이 어떻게 생각하고 기능하는지 다시 생각하게 되었다. 이 반투명한 동물을 처음 관찰했을 때, 나는 해파리를 먹이 섭취와 생식에 관한 아주 기본적이고 본능적인 프로그램이 돌아가는 젤리 덩어리에 불과하다고 생각했다. 나중에 나는 상자해파리가 좁은 켈프 숲 통로를 지나 두꺼운 켈프 안쪽의 안전한 장소로 이동하는 모습을 지켜보았다. 그 해파리는 촉수를 원래 길이보다 수백 배나 길게 거의 2미터에 가깝게 뻗어 물고기를 사냥하기 시작했다. 독을 주입하는 작은 작살이 수천 개나 붙어 있는 촉수는 치명적인 낚싯줄이나 다름없다. 상자해파리는 눈이 24개인데, 이 상자해파리는 이 눈을 사용해 숲 속의 빈터에서 쉬고 있던 어린 물고기를 사냥하는 것처럼 보였다. 대부분의 눈은 원시적이지만, 4개는 사람 눈과 비슷하다.

○

해파리가 작은 물고기를 구석으로 몰아넣고 작살로 찔렀다. 그러고 나서 촉수를 거둬들이고 중독된 물고기를 해파리의 반투명한 위 속으로 집어삼켰다. 이것은 중앙 집중화된 뇌가 없는 동물치고는 고도로 발달한 행동이다. 그렇다면 중앙 집중화된 뇌는 고도로 발달한 행동의 전제 조건이 아니란 말인가?

하지만 훨씬 흥미로운 개념이 있다. 어쩌면 동물(사람을 포함해)의 뇌 혹은 신경망은 실제로는 몸 밖에 존재하는 더 큰 마음이나 의식을 위한 조율 메커니즘이 아닐까? 이 가능성은 신체 기능을 바탕으로 한 연구에 의문을 제기하는 동물의 많은 행동을 설명할 수 있다. 또, 이것은 사람들이 보고한 것 중 머릿속에서 나온 것이라고는 도저히 보이지 않는 기묘하고 경이로운 경험들을 설명할 수 있다. 아주 단순해 보이는 상자해파리는 우리 세계가 항상 미스터리와 흥미로운 것이 넘치는 매우 다층적이고 복잡한 곳이라는 사실을 다시 일깨워주었다.

○

얼핏 보면 이것은 SF 영화에 나오는 먼 은하 거주지처럼 보이지만, 실제로는 폭이 겨우 40센티미터에 불과하다. 해파리 몸에 박혀 있는 작은 '행성들'은 모두 히페리아 단각류인데, 이 기생성 갑각류는 일 년 중 일부 기간은 해파리 몸에 붙어살면서 그 몸을 뜯어먹고 번식한다. 해파리가 죽으면, 히페리아 단각류는 바닥으로 내려가거나 새로운 해파리 숙주를 찾는다. 그 수가 충분히 많아지면, 이 작은 단각류는 해파리를 허약하게 만드는데, 아마도 죽음에 이르게 할 것이다.

해파리 왕국에 기생해 살아가는 이 기묘한 동물들에 대한 기억 중 가장 생생한 것은 강한 남동풍이 나침반해파리 수천 마리를 켈프 숲으로 몰고 왔을 때 일어난 사건이다. 해파리들의 기력이 약해지자, 중간 크기의 물고기들이 해파리들을 공격하기 시작했다. 나는 물고기가 해파리 몸에서 즙이 많은 단각류만 뜯어먹고 곳곳에 숭숭 뚫린 구멍을 남겨놓는 광경을 지켜보았다. 나는 해파리가 물고기에게 먹이를 운반해주는 역할을 하리라곤 상상도 하지 못했다!

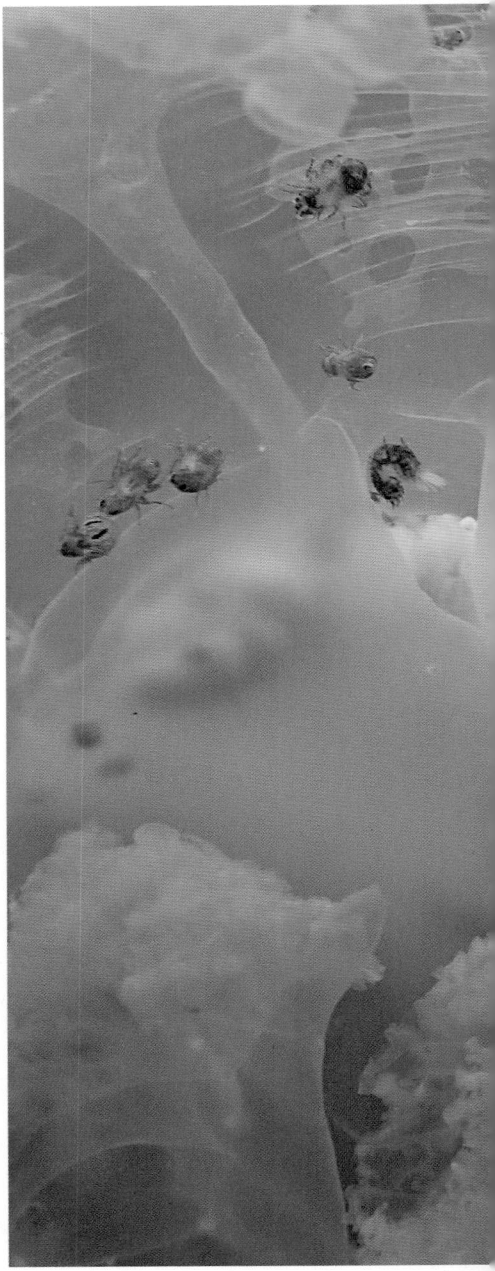

○

나는 톰에게 바다를 존중하되 두려워하지 말라고 가르쳤다. 두려움은 동물의 행동을 잘 몰라서 생기는 경우가 많다. 밝은 색을 띤 이 나침반해파리는 해로운 동물인 양 행세하지만, 그 촉수는 작은 먹잇감에게만 효과가 있을 뿐이고 사람에게는 무해하다.

○

조개낙지가 시포리스트를 방문하는 일은 아주 드물다. 내가 여기서 잠수를 하며 보낸 오랜 세월 동안 조개낙지를 본 것은 단 세 번뿐이다. 나는 이 조개낙지와 함께 한 시간이 넘게 잠수를 했다. 처음에는 나를 경계했지만, 결국에는 놀랍게도 내 손 안으로 들어와 특수하게 발달한 다리를 자신의 껍데기 위로 뻗었다. 이것은 편안함을 느끼며 상대를 신뢰하는 동물이 보이는 신호이다. 경계심을 품은 동물은 몸 전체를 껍데기 속으로 깊숙이 감춘다.

조개낙지는 공룡이 나타나기 이전부터 넓은 바다를 누비고 다녔다. 아름다운 껍데기는 암컷에게만 있다. 암컷 조개낙지는 수면에서 공기를 빨아들여 중성 부력(가라앉지도 뜨지도 않는 상태)을 유지할 수 있을 만큼의 양만 껍데기 속에 저장한다. 그래서 에너지를 거의 사용하지 않고도 물기둥 속에 머물 수 있다. 수컷은 암컷보다 훨씬 작고, 몸무게도 600배나 가벼우며, 껍데기가 없다. 나는 조개낙지가 호텐도트도미 떼에게 공격을 받는 장면을 본 적이 있는데, 조개낙지는 먹물을 내뿜어 적의 공격을 무력화시켰다. 그러고 나서 물을 분사하면서 바다로 나아갔는데, 나는 그 아름다움과 기묘함에 경외감을 느끼며 눈을 크게 뜨고 바라보았다.

모든 두족류 중에서 색을 사용한 과시 행동으로 가장 눈길을 끄는 동물은 아마도 암컷 조개낙지일 것이다. 이 부문에서 경이로운 능력을 지닌 갑오징어마저 상대가 되지 않는다. 암컷 조개낙지는 물결치는 사이키델릭 컬러를 화려하게 분출해 우리 영장류의 마음을 경탄하게 만든다. 내가 어릴 때, 살아 있는 조개낙지가 해변으로 밀려온 적이 있었다. 나는 그 조개낙지를 물통에 몇 분 동안 넣어두었다가 풀어주었다. 그때 처음 본 조개낙지의 천재적인 살아 있는 예술 장면은 아직도 내 기억 속에 깊이 박혀 있다.

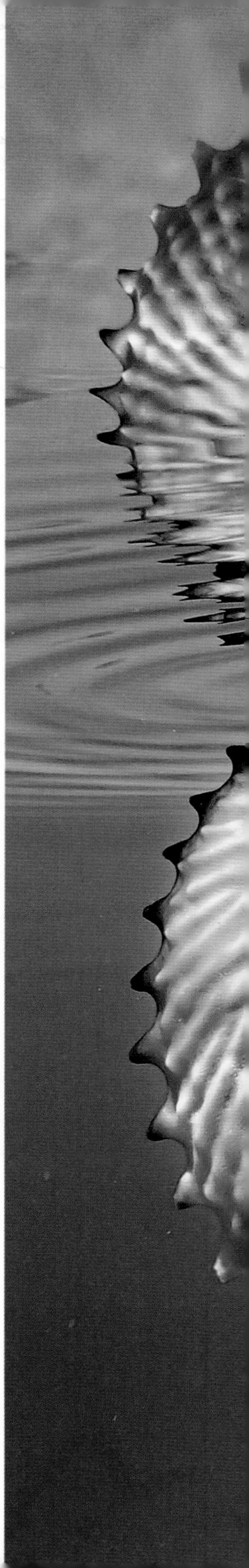

○

로스와 나는 가끔 외딴 만을 찾아가는데, 그곳에서는 많은 점박이협곡상어가 떼를 지어 모래 위를 선회하다가 아주 얕은 시포리스트로 과감하게 나아간다. 이들은 왜 이런 행동을 할까? 내가 그 수수께끼를 푸는 데에는 2년이 걸렸다.

수수께끼를 푸는 열쇠는 작지만 흥미로운 동물 두 종이 쥐고 있었다. 켈프를 먹고 사는 단각류와 그 사촌인 갯강구가 그 주인공이다. 이 둘은 함께 아주 거대한 무리를 이룬다. 큰 폭풍이 시포리스트에 밀어닥쳐 켈프를 뿌리째 뽑아 해변에 쌓아 놓으면, 모래 1제곱미터당 2만 5000마리의 단각류가 쏟아져나와 매일 켈프를 수 톤씩 먹어치운다. 이것은 자연에서 영양 물질을 순환시키는 컨베이어 벨트로, 이 덕분에 숲에서 흘러나온 영양 물질이 수백만 마리의 동물을 먹여 살린다. 하지만 폭풍은 작은 동물 무리에게는 위험한데, 이들은 불가사의한 방법으로 이에 대처한다. 폭풍이 밀어닥치기 최대 9시간 전에 이들은 내륙 쪽으로 이동하기 시작한다. 이 짧은 시간 동안 아프리카 해변은 작은 세렝게티처럼 변한다. 단각류와 갯강구는 기압이 떨어지기 전에 이미 반응을 보이는데, 과학자들은 이들이 다가오는 파도를 어떻게 미리 아는지 고개를 갸웃거린다. 그렇다 하더라도 모두가 살아남는 것은 아니다. 거대한 파도는 수천 마리를 휩쓸어 시포리스트와 조수 웅덩이로 몰고 간다.

○

폭풍이 잠잠해지면, 조수 웅덩이들에 단각류와 갯강구가 가득 들어 있다. 슈퍼클립비스 수십 마리가 마치 송어가 미끼를 낚아채듯이 수면 위에서 단각류를 집어삼키고, 포식성 새우도 자기 몫을 챙긴다. 게와 가재 그리고 더 큰 두족류도 이 잔치에 동참한다. 그리고 만의 더 깊은 곳에서 협곡상어들이 작은 포식 동물들을 노리고 이 무리를 향해 모여든다. 그러면서 전체 무리는 쉬지 않고 번식하고 먹이를 섭취하는 주기를 계속 이어나간다. 따라서 많은 동물은 작은 단각류에 의존해 살아간다. 많은 켈프를 뿌리 뽑아 해변에 쌓는 폭풍이 가끔 일어나지 않는다면, 이 무리는 곧 수가 급격하게 줄어들어 결국 사라질 것이다.

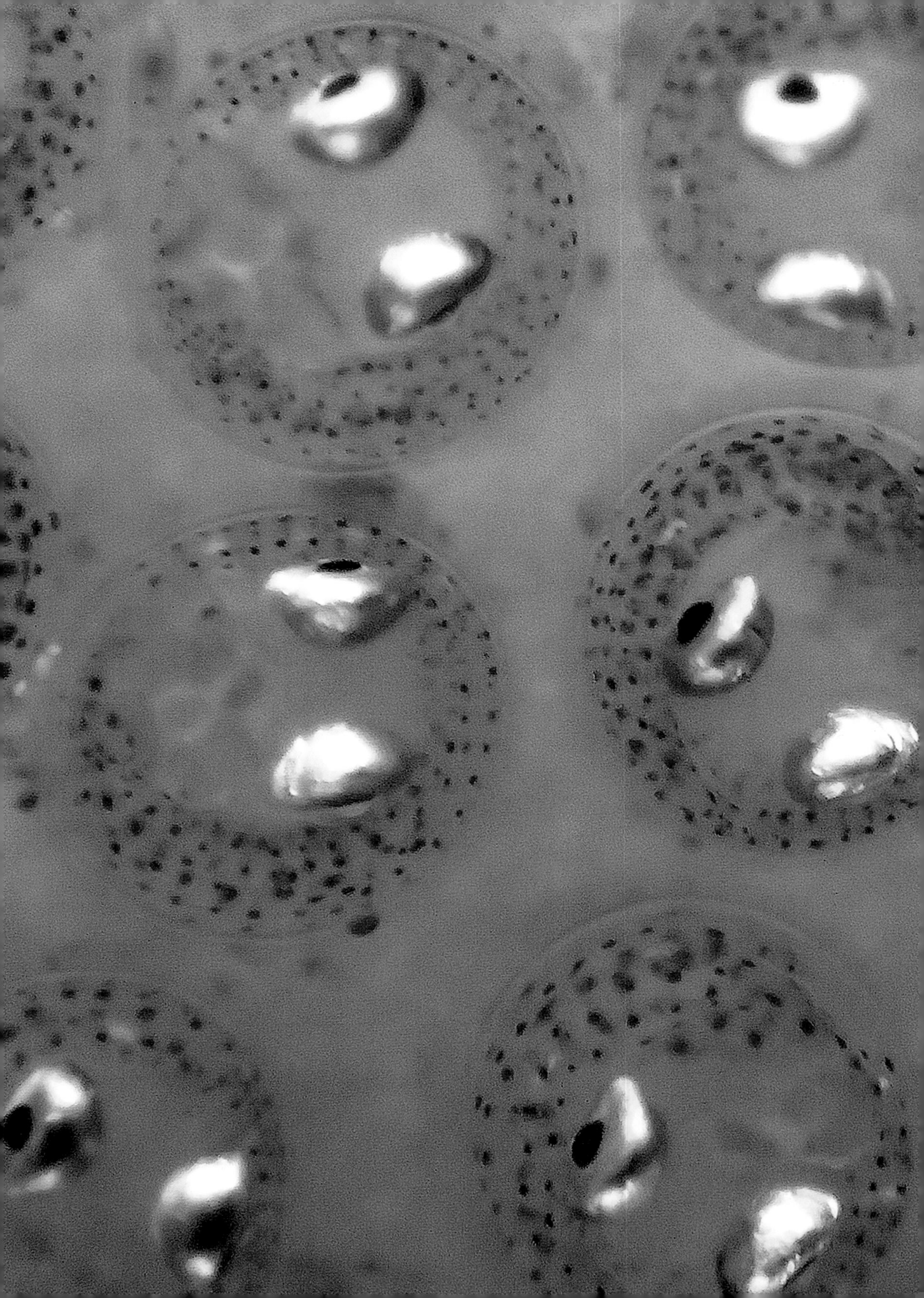

3부

◦

깨어나기

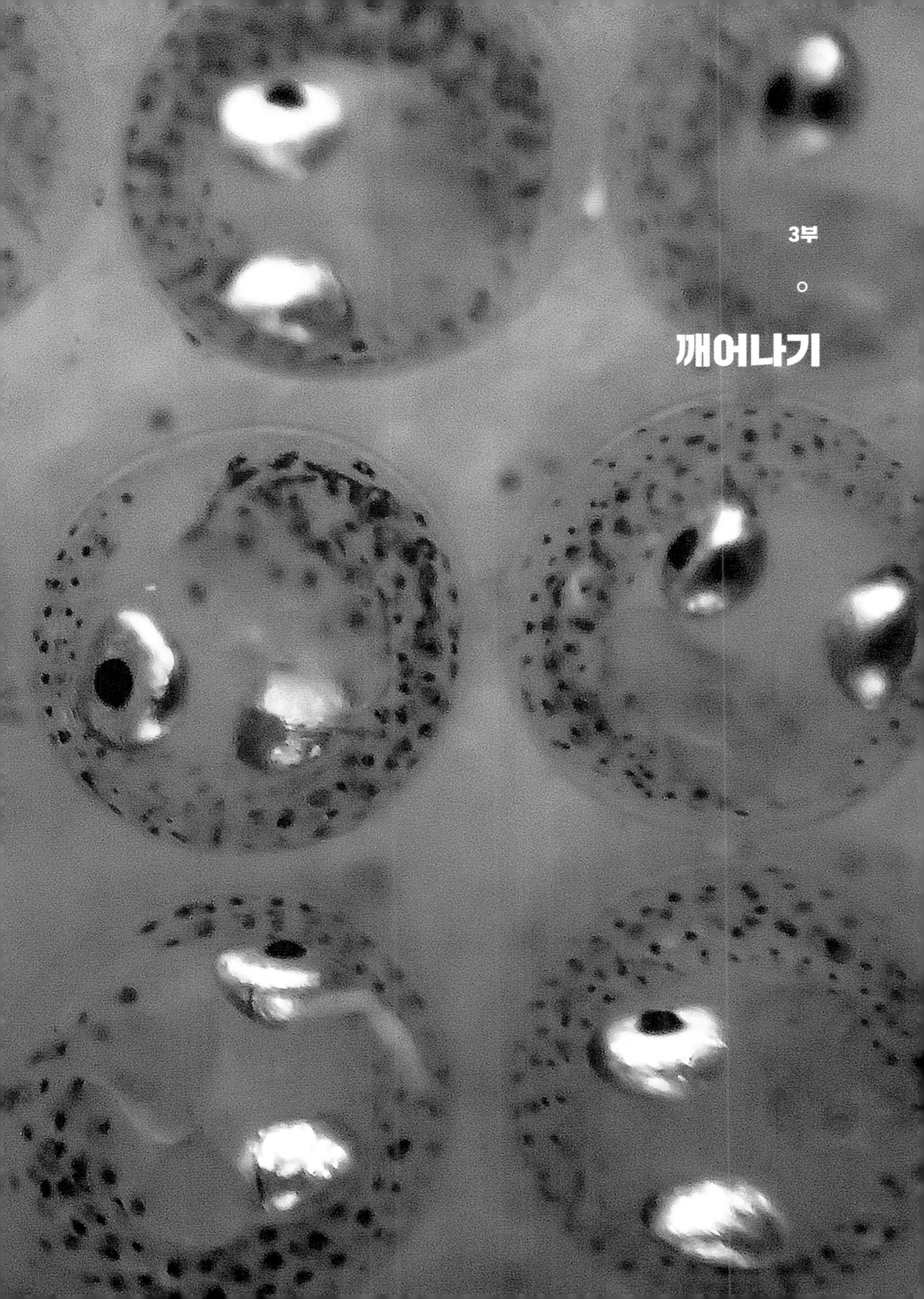

크레이그는 계속해서 거의 매일 헤엄을 쳤다. 사실, 그는 일 년에 365번 헤엄을 치겠다고 결심했다. 어떤 이유로 하루라도 거르는 날이 있으면, 다음 날에는 잠수를 두 차례 했다. 크레이그는 아주 끔찍한 조건에서도, 그러니까 사리분별이 있는 사람이 보기에는 불편과 위험만 따르는 더럽고 질척하고 험한 조건에서도 바다로 자주 나갔다. 나는 수도사 같은 그의 헌신 수준을 가늠할 길이 없었지만, 그의 스파르타식 강행군은 존경했다. 역설적이게도 잠수를 할수록 숲과 그곳에 사는 생물을 향한 열정은 점점 커져갔다. 맨날 같은 것을 보는 데 질리지 않을까 하는 생각도 들었지만, 크레이그는 오히려 점점 더 큰 흥미를 느꼈다. 흥분 수준은 이전에도 높은 수준이었지만, 지금은 구름을 뚫고 하늘 높이 치솟았다. 크레이그는 가끔 내게 전화를 해 최근에 본 것들에 대해 자세한 정보를 나누며 몇 시간이나 수다를 떨었다.

한번은 얕은 곳에서 헤엄치다가 특이한 조류처럼 보이는 것을 만난 이야기를 들려주었다. 손으로 만졌더니, 그것은 작은 어뢰처럼 생긴 두족류로 변신해 자기 얼굴로 먹물 덩어리를 발사했다고 한다. 크레이그는 몸길이가 10센티미터 정도에 불과하지만 위장과 모방의 달인인 혹갑오징어tuberculate cuttlefish를 이때 처음 만났는데, 이 종은 남아프리카에서만 발견된다.

나는 그보다 더 큰 패치워크갑오징어patchwork cuttlefish를 몇 번 보았고, 이 갑오징어의 매력적인 위장술과 의사소통 능력에 푹 빠졌다. 갑오징어는 아주 기이한 동물로, 그 사촌인 문어를 제외하고는 내가 그때까지 본 어떤 동물하고도 달랐다. 갑오징어의 뇌는 주변의 색과 질감, 밝기를 분석한 뒤, 그것을 거의 완벽하게 똑같이 복사한 색을 피부에 재현한다. 부풀리거나 수축시킬 수 있는 작은 색소 주머니가 수백 개 있어 패턴과 색과 심지어 불투명도까지도 아주 다양하게 변화시킬 수 있다. 색소 주머니 아래에는 금속색을 반사하는 결정질 판들이 있는데, 이 판들은 빛을 편광시키는 선글라스처럼 작용할 수도 있다. 이 판들 밑에는 훨씬 잘 조직된 결정질 판이 하나 더 있는데, 이 판은 수동적으로 배경 색과 같은 색을 띨 수 있다. 이 모든 능력 덕분에 갑오징어는 우리의 머리로는 헤아리기 어려운 방식으로 마술처럼 주변 환경과 같은 색으로 변했다가 다시 다른 색으로 변할 수 있다.

나는 크레이그와 함께 혹갑오징어를 보러 갔는데, 이들이 호버크라프트처럼 활공하면서 3차원 물기둥을 통과해 지나가는 것을 보고 완전히 넋이 빠졌다. 각자 개성이 있다는 사실을 명백하게 알 수 있었다. 몇 마리는 우리가 전혀 위협적이지 않다는 사실을 알아채고 우리 손 안으로 헤엄쳐 왔지만, 대부분은 겁이 많아서 접촉을 피하는 쪽을 선택했다. 몇 주일 뒤에 크레이그는 내게 전화를 걸어 혹갑오징어가 낳은 알을 발견했다고 알려주었다. 나는 그를 따라 그것을 보러 갔는데, 투명한 노란색 꼬투리 속에 들어 있는 완벽하게 작은 몸들을 경이로운 눈으로 바라보았다. 크레이그는 그 알들을 매일 보러 갔는데, 경이롭게도 75일 뒤에 크레이그가 수중에 있을 때 새끼들이 알에서 나왔다. 이 과정은 겨우 몇 분밖에 걸리지 않기 때문에, 그 순간에 그가 그곳에 있었던 것은 작은 기적이나 다름없었다.

크레이그는 1년 동안 계속 혹갑오징어를 따라다니다가 과학계에 전혀 알려지지 않았던 놀라운 행동을 발견했다. 혼자 잠수한 그는 숨어 지내길 좋아하는 이 갑오징어를 해저 바닥에서 찾아다녔다. 거의 눈에 띄지 않는 이 동물을 발견하려면, 꼼짝도 않고 가만히 있으면서 모래와 돌을 샅샅이 살펴보아야 한다. 그 몸 형태는 쉽게 알아볼 수 있지만, 갑오징어는 주변 환경을 모방해 위장하기 때문에 발견하기가 매우 어렵다. 모래밭을 내려다보던 크레이그의 눈에 거의 똑같이 생긴 쇠고둥 두 마리가 나란히 있는 광경이 들어왔다. 한 마리가 '걸어가자', 크레이그는 자연히 고둥 껍데기를 집으로 삼은 집게이겠거니 하고 생각했다. 하지만 그것이 마술처럼 갑오징어로 변신해 헤엄쳐 가는 것을 보고 크레이그는 완전히 넋이 나갔다.

쇠고둥으로 변신하는 과정을 완성하기 위해 갑오징어는 심지어 쇠고둥 껍데기에 붙어 살아가는 산호말과 다모류를 모방했을 뿐만 아니라, 자신의 몸을 바닥에 바짝 갖다대고 무거워 보이는 껍데기를 끄는 시늉까지 했다. 포식 동물들은 쇠고둥처럼 보이는 이 물체를 흘끗 내려다보고는 공격할 생각조차 하지 않았는데, 단단한 껍데기를 뚫기가 거의 불가능하다는 걸 알기 때문이다. 이것은 천재적 수준의 변신술이었으며, 갑오징어가 자신의 모습을 볼 수 없는데도 그렇게 한다는 것이 더욱 놀라웠다. 크레이그가 내게 갑오징어의 이 행동을 보여주었을 때, 나는 너무나도 감탄한 나머지 할 말을 잃었다. 나는 무엇을 찾아야 하는지 알고 있었는데도 불구하고, 쇠고둥과 갑오징어를 구별할 수 없었다.

이 발견은 크레이그에게 하나의 돌파구가 되었는데, 자신이 그레이트아프리칸시포리스트의 불가해한 베일을 꿰뚫어보기 시작했다는 것을 의미했기 때문이다. 그것은 러시아의 마트료시카 인형과도 같았다. 층 속에 또 다른 층이 있었고, 세계 속에 또 다른 세계가 있었는데, 크레이그는 이 미지의 영역으로 발을 내디디기로 결심했다. 그는 이 층들을 지나갈 때, 새로운 차원 속으로 헤엄쳐 들어가는 것 같은 느낌이 들었다고 말했으며, '신의 얼굴 위로 올라간' 듯한 느낌이라고 묘사했다. 나는 크레이그가 이렇게 흥분했을 때 함께 있는 게 참 좋았다. 크레이그는 흥분하면, 열정에 들떠 얼굴에 광채가 나는데, 가끔 나는 그것이 망상에 가까운 것이라고 생각했지만, 그토록 자연에 푹 빠진 사람 곁에 있으면 나까지 기분이 상쾌해졌다.

크레이그와 함께 잠수하면서 더 많은 시간을 보냈더라면 참 좋았겠지만, 나는 케이프타운 도심에 살고 있어 케이프반도까지 가려면 오랫동안 차를 몰고 가야 했고 온전히 하루를 할애해야 했다. 하지만 내 집에서 불과 15분 거리에 케이프반도 서쪽에 위치한 아우데크랄 해양 자연 보호 구역이 있다. 나는 아들을 유아원에 데려다준 뒤에 이 아름다운 보호 구역에서 잠깐 동안 잠수를 하곤 했다. 나는 거의 매일 오전에 혼자서 얼음장처럼 차가운 대서양 바다로 들어갔는데, 이곳 수온은 10℃ 아래까지 내려갈 때도 있어 반도 동쪽에 위치한 폴스만에 비해 현저히 낮았고, 여름에는 특히 차이가 컸다.

가을이 다가올 때쯤에는 저온에 적응하는 능력이 향상되었지만, 크레이그는 자신이 늘 들어가는 바다에서 한 시간 이상 찬물 속에 머물 수 있는 반면, 나는 겨우 30분 정도만 버틸 수 있었다. 이 시간을 넘어서는 순간, 내 뇌의 엄격한 '중앙 통치자'는 항상 내게 당장 밖으로 나가라고 명령했다. 나는 위태로움을 심하게 느꼈고, 몸이 덜덜 떨리기 시작했다. 얼음이 얼기 시작하는 대서양에서는 겨우 약 20분만 버틸 수 있었다. 하지만 그런 고생을 감수할 가치가 충분히 있었는데, 그러고 나면 나머지 하루 동안 놀라운 활력이 넘쳤기 때문이다. 그래서 나는 찬물 속으로 뛰어드는 잠수를 계속했다. 나 이외에 잠수를 하거나 헤엄을 치는 사람은 전혀 보지 못했지만, 나는 대개 안전함과 평온함을 느꼈다. 시포리스트의 극단적인 장엄함 속에서 내 생각은 물방울이 똑똑 떨어지는 수준으로 느려졌는데, 아마도 시포리스트의 추위와 규모와 아름다움에 압도되어서 그랬을 것이다. 또한, 내가 거기에 있건 말건 전혀 개의치 않는다는 듯한(혹은 내게는 그렇게 보였다) 시포리스트와 그곳 생물들의 무관심은 내 마음을 차분하게 진정시키는 효과가 있었다.

나는 수심 3미터쯤 되는 곳에 있는 작은 동굴 입구에서 커다란 빨간색 슈퍼클립비스를 자주 만났다. 나는 특유의 무늬를 보고 그 슈퍼클립비스를 알아보았다. 내게는 그 슈퍼클립비스가 작은 용처럼 보였다. 슈퍼클립비스는 이틀 연속으로 내게 다가왔는데, 큰 호기심을 느낀 듯했다. 슈퍼클립비스가 몸을 움직이는 방식 중 일부는 내 개가 함께 어울리면서 쓰다듬어주기를 바랄 때 보이는 행동을 떠오르게 했다. 나는 아무 생각 없이 손을 뻗어 아름답고 긴 그 몸을 쓰다듬었다. 세 번째 날에는 한동안 슈퍼클립비스를 쓰다듬다가 내 손 안에 넣고 가볍게 붙들었다. 그것은 믿을 수 없게 감미로운 순간이었는데, 이 야생 물고기가 목숨을 걸고 나를 신뢰하면서 평화로운 트랜스 상태에 빠진 것처럼 보였기 때문이다. 나는 슈퍼클립비스를 약 1분 동안 그렇게 붙들고 있었는데, 그러다가 그 순간을 충분히 음미했는지 물고기는 다른 데로 헤엄쳐 갔다. 운 좋게도 나는 카메라를 가져가 이 경험을 모두 촬영해 크레이그에게 보여주었다. 그러지 않았더라면, 크레이그는 내 말을 절대로 믿으려 하지 않았을 것이다.

나는 그날 나머지 오전을 기분이 아주 좋은 상태로 보냈지만, 그날 오후에 사무실에서 일어난 슬픈 사건이 그 분위기를 깨뜨렸다. 한 남자가 여섯 살(조지프와 같은 나이)쯤 돼 보이는 사내아이를 데리고 우리 사무실로 들어왔다. 나는 부자 관계일 거라고 짐작했다. 옷차림이 가난해 보였기 때문에, 그 사람이 내 동료에게 돈을 요구할 때에도 나는 놀라지 않았다. 그런데 아이가 뭔가 말하려고 그 남자의 팔을 잡아당기자, 남자가 돌아서더니 주먹으로 얼굴을 빠르게 연달아 몇 대 때렸다. 그 공격은 잘 연습된 가격이었고, 짧은 시간에 최대한의 고통을 주기 위한 것이었다. 충격에 빠진 나는 멈추라고 소리를 질렀다. 그는 놀란 표정으로 나를 쳐다보더니 아들을 끌고 나가버렸다.

뒤따라 나간 나는 그가 복도에서 아들의 얼굴을 한 번 더 때리는 걸 보았다. 내가 달려갔더니, 그 남자는 아들을 다정하게 껴안고 "괜찮아. 괜찮아. 괜찮아."라고 말했고, 아이는 그의 팔에 휘감긴 채 울었다. 나는 그 상황이 믿어지지 않았지만, 내가 개입해 할 수 있는 일이 없었는데, 두 사람은 금방 사라져버렸기 때문이다. 그날 저녁에 나는 이 강렬한 두 가지 경험을 반추하면서 두 사건이 어쩌면 그토록 극과 극처럼 보일까 생각했다. 한쪽에는 자신을 붙들도록 내버려둘 정도로 나를 신뢰한 야생 물고기가 있었고, 반대쪽에는 내 사무실에서 자신의 아들을 사정없이 쥐어패며 학대한 남자가 있었다. 이 곤혹스러운 기억은 몇 주일이나 사라지지 않고 내 마음속에서 계속 반복적으로 재생되었다…….

나는 아우데크랄 여행을 계속했고, 가끔 내게 함께 헤엄을 치도록 허용하는 동물을 발견했다. 때때로 만나는 다크샤이샤크가 있었고, 이따금 마주치는 물범도 있었다. 하지만 보기에 가장 즐거운 동물은 호텐토트도미였다. 호텐토트도미는 해양 보호 구역에서 아주 크게 자라는데, 나는 가끔 큰 무리를 지어 다니는 호텐토트도미를 만났다. 나는 슈퍼클립비스에게 했던 것처럼 손을 뻗어 만지고 싶었지만, 내가 다가갈 때마다 이들은 사라져버렸다.

그러다가 아주 신기한 경험을 했다. 어느 고요한 오전에 또다시 아우데크랄에서 혼자 잠수를 했다. 작은 보호 구역에는 사람이 아무도 없었고, 나는 물속으로 들어가기 전에 몸을 데우려고 납작한 화강암 바위 위에 누웠다. 철썩이는 파도 소리를 들으면서 두 눈을 감고 리드미컬한 그 소리에 푹 빠져들었다. 그렇게 몇 분이 지난 뒤, 나는 마음속에서 파도가 철썩이는 느낌이 들었다. 이것은 내가 정상적으로 소리를 경험하는 것과는 아주 달랐다. 정상적으로 소리는 '저 밖'에 있는 정보 조각이 내 귀로 와서 신경 통로를 지나 뇌로 가 해당 영역에서 처리된다. 나는 무슨 일이 일어나는지 몰랐지만, 그냥 느낌이 아주 좋았으므로 그런 것에는 신경 쓰지 않았다.

나는 멀리 헤엄을 쳐 큰 바위로 갔는데, 그 옆으로 다가가는 잠깐 동안 내 몸은 수온에 적응하기 시작했다. 투명한 초록색 물에 떠다니는 새우 수천 마리를 보았는데, 그 작고 투명한 몸에 반사돼 나오는 은빛 섬광에 넋을 잃었다. 바위 아래로 잠수한 나는 내 마음을 가득 채우고 있던 새로운 소리(일종의 우르릉거리는 소리 또는 소가 음매 하고 우는 소리)를 경험했다. 나는 귀마개를 착용한 채 수심 7미터 지점에 있었기 때문에, 무슨 소리가 들린다는 것 자체가 기이했다. 잠수할 때마다 동일한 소리가 들렸지만, 설명할 방법이 없었다. 돌을 움직일 만큼 큰 너울이 일지도 않았고, 그 밖에 그런 소리를 낼 만한 어떤 일도 일어나지 않았다. 그러다가 내 주위에 호텐토트도미가 30여 마리 있다는 사실을 알아챘다.

내가 관찰되고 있다는 사실을 깨달은 것은 큰 충격이었다. 나는 곧 이들이 얼마나 겁이 없는지를 알고 크게 놀랐다. 이들은 사실 내게 끌린 것처럼 보였다. 나는 괴기스러운 소리와 이제 유령처럼 보이는 물고기의 존재에 다소 겁이 나 해변으로 돌아가기로 결정했다. 하지만 물고기들은 나를 따라왔고, 숲 속의 모래밭 빈터 위에서 잠시 쉴 때 내 주위를 빙 둘러쌌다. 이제 50여 마리가 모였는데, 내 주위를 빙빙 돌면서 계속 나를 지켜보았다. 그것은 마법과도 같았지만 그 기이한 행동은 나를 무척 당황하게 만들었다. 이 물고기들

그때 나는 내가 '깨어나고' 있다는 사실을 깨달았고, 그 순간 환히 뻗어나가면서 출렁이는 에너지의 느낌이 내 몸속에서 이리저리 흘러다녔다. 그것이 내 머리에 도달한 순간, 내 마음은 불꽃이 되어 활활 타올랐고, 나는 내 생애에서 처음으로 깨어 있었다—이 말 말고는 그것을 달리 표현할 방법이 없다.

은 해변까지 나를 따라왔고, 나는 물에서 나와 안전한 마른 땅 위로 올라서고 나서야 비로소 안도했다. 나는 젖은 모래 위에 앉았는데, 물고기의 행동 때문에 여전히 얼떨떨했지만, 특이하게도 기분은 아주 좋았다.

뜨거운 햇볕이 하늘을 향한 내 얼굴에 내리쬐는 가운데 눈을 감고 있었더니, 물고기들이 또다시 나타나 내 주위를 빙빙 도는 모습이 보였다. 나는 물 밖으로 나왔지만, 우리는 아직도 서로 연결돼 있는 것처럼 느껴졌다. 그때 "두려워하지 마."라는 목소리가 아주 선명하게 들려왔다. 나는 "알았어."라고 대답했다. 그때 나는 내가 '깨어나고' 있다는 사실을 깨달았고, 그 순간 환히 뻗어나가면서 출렁이는 에너지의 느낌이 내 몸속에서 이리저리 흘러다녔다. 그것이 내 머리에 도달한 순간, 내 마음은 불꽃이 되어 활활 타올랐고, 나는 내 생애에서 처음으로 깨어 있었다—이 말 말고는 그것을 달리 표현할 방법이 없다. 눈을 떴더니 세계는 순수한 자연 그대로였다. 세계는 지금 막 태어난 상태였고, 나는 그것을 처음으로 보았다.

나는 경이로움에 사로잡혀 이리저리 걸어다녔다. 조개껍데기를 핥고, 바위에 들러붙은 조류를 쳐다보고, 바보처럼 웃어댔다. 그렇게 몇 시간이 흘렀다. 비가 내리기 시작했는데, 그마저도 경이로웠다. 나는 작은 조수 웅덩이에서 길을 잃었고, 작은 말미잘, 멋진 모자이크 디자인을 지닌 만두혹불가사리, 빨간 눈을 가진 작은 얼룩 물고기 등을 비롯해 다양한 생명의 층들이 물속에서 나오는 것을 보았다. 나는 바위에 붙은 소금을 빨아먹었는데, 그 결정의 디자인뿐만 아니라 물에서 나온 뒤에 말라붙어 흰 눈처럼 변하는 과정을 보고 경탄했다. 기묘하게도 나는 단단한 땅 위를 걸어다니고 있었지만, 나는 여전히 물속에 있는 듯한 느낌이 들었다.

그것은 마치 꽉 움켜쥐고 있던 내 마음의 주먹이 마침내 펴진 것 같은 느낌이었는데, 거기서 완전한 환희를 느꼈다. 나는 자유로웠고 강렬한 환각에 빠졌다. 그 느낌은 며칠 동안 계속되었다. 나는 크레이그가 그동안 어떤 경험을 했는지 그때 처음 알았다.

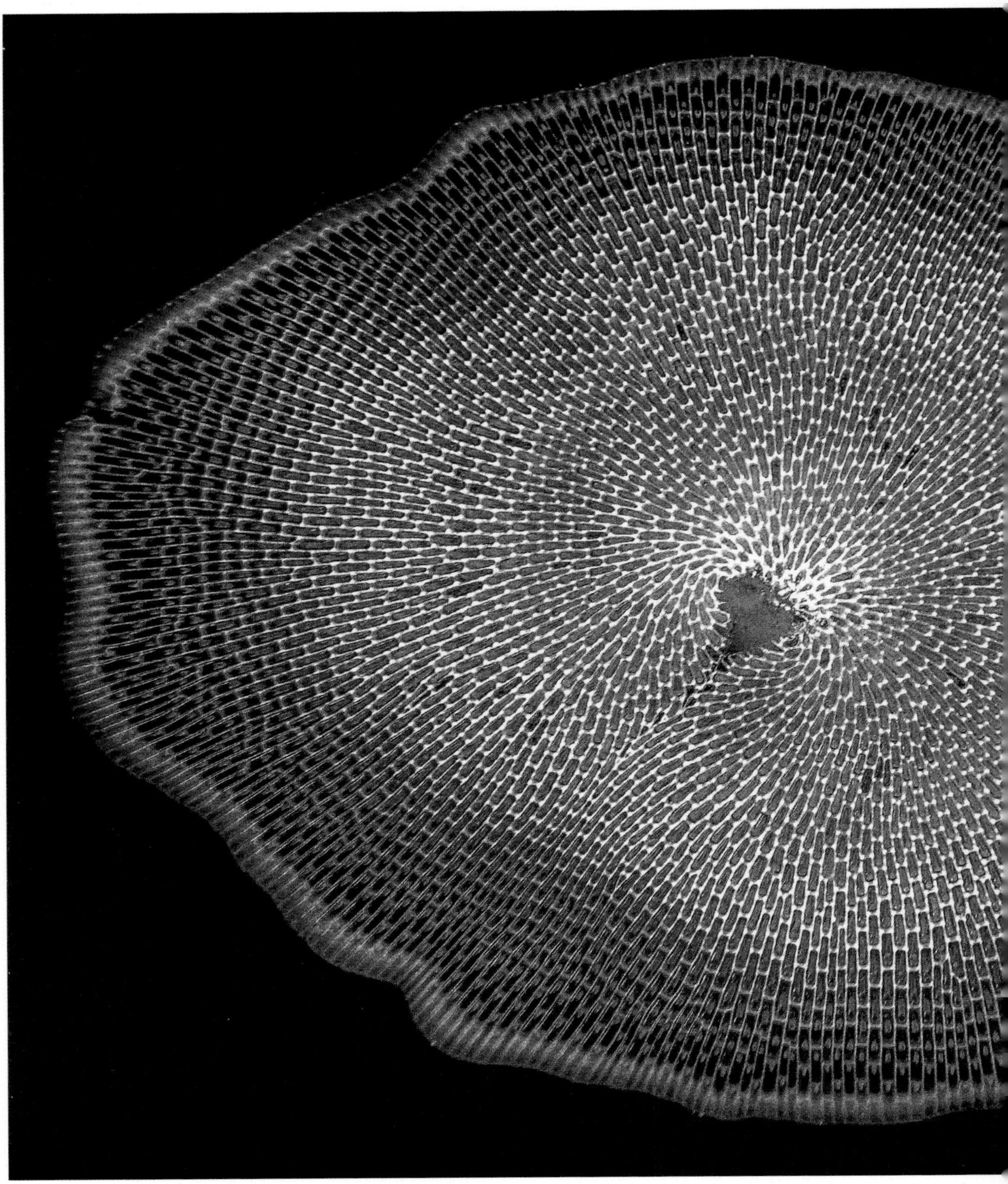

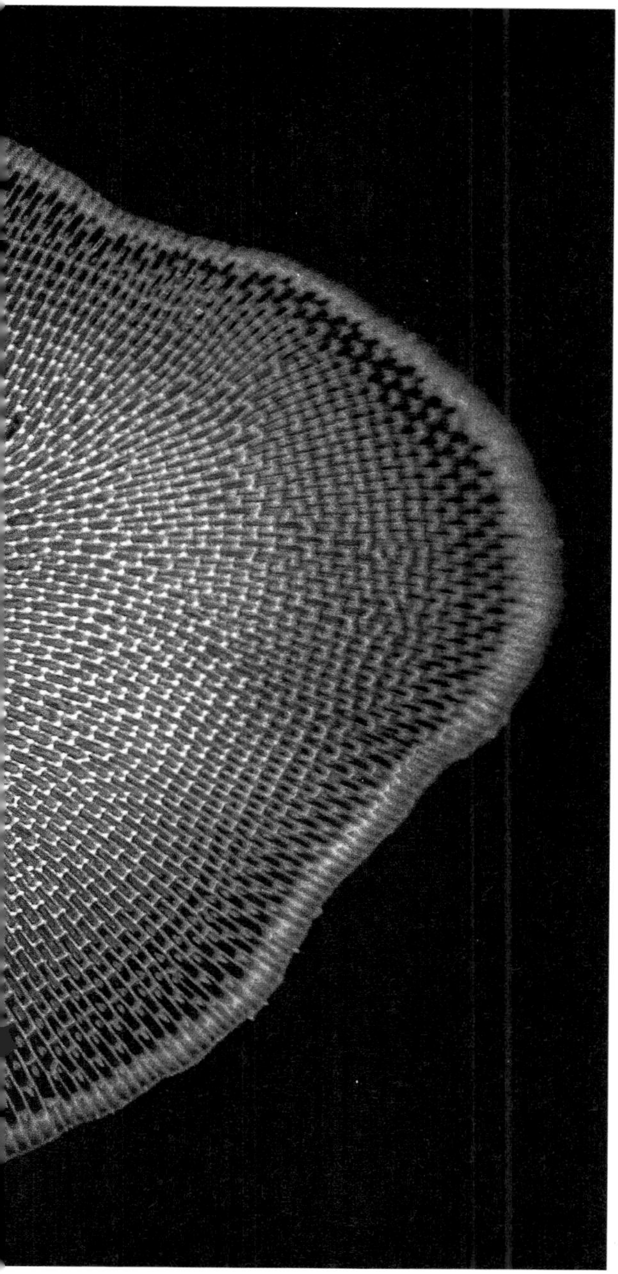

○

이 사진은 로스가 켈프 엽상체에 붙어 자라는 레이스동물lace animal을 촬영한 것이다. 이 유기체는 폭이 3센티미터밖에 안 되지만, 이 사진에 포함된 동물의 수는 5000마리 이상인데, 각자 의도적으로 관 모양으로 만든 집 속에 머물고 있다. 켈프 한 그루의 줄기들에는 이러한 레이스동물 군집이 수백 개나 자랄 수 있다. 그렇다면 켈프 한 그루당 100만 마리 이상이 사는 셈이고, 시포리스트의 한 작은 부분에조차 수억 마리가 산다는 이야기가 된다. 이 동물들은 지문을 연상시키는데, 수백만이나 되는 군집이 제각각 서로 다른 패턴을 만들어낸다. 신의 지문이라고 불러야 할까…….

○

로스가 아우데크랄에서 경험한 이야기를 했을 때, 그것은 '야생의 황홀경' 또는 '원초적 환희'라 부르는 현상의 특징을 모두 지니고 있었다. 이것은 정신이 야생 자연의 순수한 힘과 맞닥뜨릴 때 일어나는 인간의 정상적인 반응이다. 나의 위대한 친구인 루이스 허먼Louis Herman 정치철학 교수는 최근에 출판한 책《미래의 원시 상태*Future Primal*》에서 이것을 다루었다.

나는 3차원으로 떠 있는 거대한 수중 숲과 차가운 물이 함께 결합해 우리에게 아주 강한 반응을 이끌어낼 수 있다는 사실을 알아냈다. 그러면 뇌에 기분을 좋게 하는 천연 화학 물질이 흘러넘치는데, 이것은 의식도 크게 확장시킨다. 오늘날의 기업-산업 복합체가 빚어낸 작은 세계에 갇혀 살아가는 현대인의 정신에는 이 경험이 아주 기이해 보일 수 있다. 하지만 우리는 전체 인류 역사 중 대부분을 광대한 황야에서 살았고, 이러한 마음 상태가 훨씬 더 보편적이었다. 초기 인류는 자기 집단에 안정과 평화를 가져오기 위해 그것을 추구했다. 그들은 춤과 호흡, 리드미컬한 소리를 통해 변성 의식 상태에 이르는 방법을 발견했다.

이 경험에 수반되는 주요 메시지는 일체감이었다. 하나로 통일된 실체에 속하는 느낌은 집단 내에서뿐만 아니라, 생명을 부양하는 동물과 식물과 강한 유대를 형성하는 데에도 매우 유용했다. 그것은 사람들에게 집단과 환경에 신경 쓰게 만들었고, 때로는 개인적 필요보다 우선시하게 했다. 그것은 그 자체로 강력한 생존 도구였다.

로스의 마음은 인간을 수천 년 동안 건강하고 강하게 유지해준 아주 오래된 진화적 소질에 반응했다. 이런 경험에 접근할 수 없을 때, 일부 사람들은 자신의 자아 속으로 더 깊숙이 파고든다. 이것은 강한 고독감을 초래할 수 있고, 불안과 우울증을 낳을 수 있다. 원초적 환희는 현대 세계가 만들어낸 마음속의 슈퍼 포식자들을 물리칠 수 있는 아주 강력한 해독제인데, 우리에게 타고난 야생의 본성을 경험하게 해주기 때문이다.

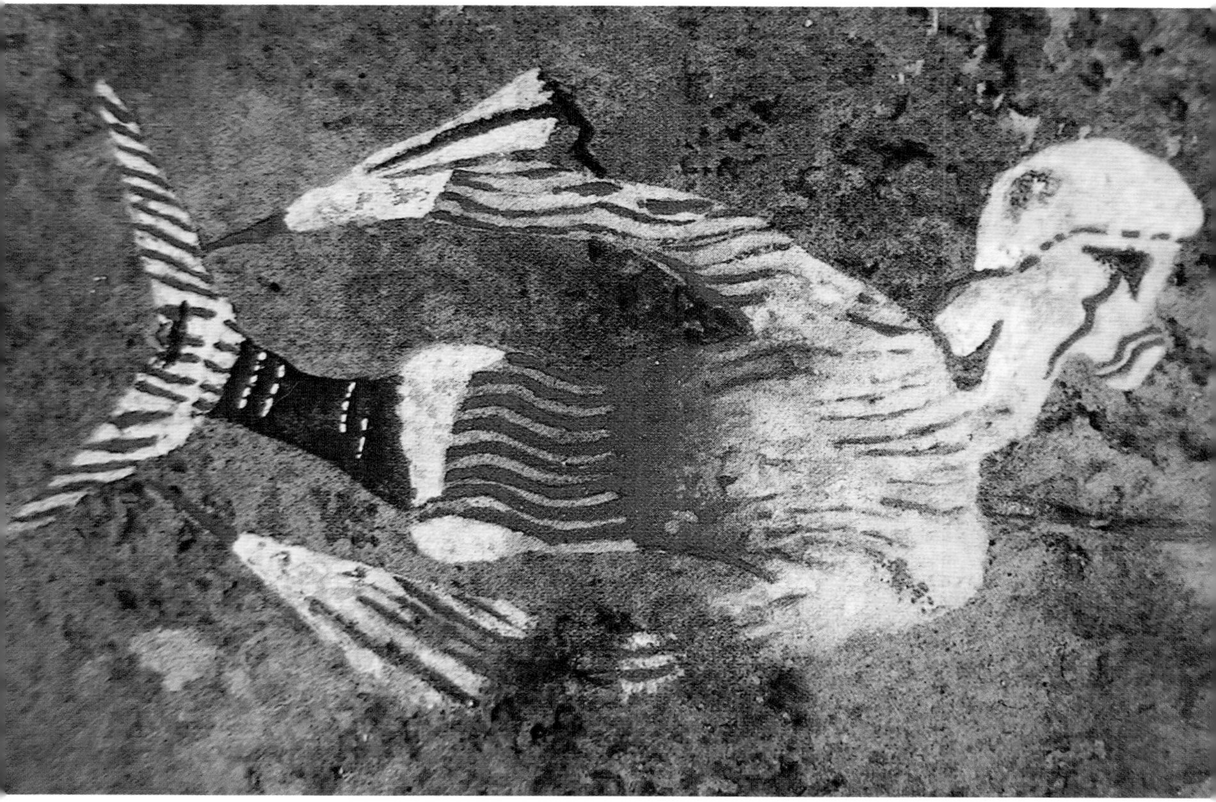

많은 사람들, 특히 수렵 채집 생활을 하며 살아가는 토착 원주민은 이러한 느낌을 보고해왔고, 우리와 자연 사이에 일어나는 이 기묘한 상호 관계를 알려주는 단서는 세계 각지의 암면 미술에 남아 있다. 수인獸人(사람과 짐승의 특징이 섞인 존재)은 사람과 야생 자연 사이의 강한 유대를 나타낸다. 그리스 신화에 나오는 목신牧神 판Pan(상반신은 사람이고, 다리와 꼬리는 염소 모양이며, 이마에 뿔이 있는)에서부터 현대의 슈퍼히어로인 배트맨에 이르기까지 수인의 원형은 많은 문화에서 발견된다.

193~195쪽 수인을 묘사한 이 그림들은 미술가 스티븐 타운리 배싯Stephen Townley Bassett이 산족의 암각화를 원형에 거의 가깝게 복원한 것이다. 나는 20년 전에 스티븐을 처음 만났는데, 그의 열정과 고대 미술가들을 존중하려는 결연한 의지에 큰 감명을 받았다. 스티븐은 붓과 그 밖의 도구를 만드는 재료로 오로지 천연 물질만 사용하며, 물감은 동물의 피와 쓸개즙과 뱀의 독으로 만든다. 가끔은 자신의 피도 사용한다.

남아프리카 공화국의 리틀카루 지역과 케이프산맥 남부에는 기다란 팔다리와 사람 머리, 갈라진 꼬리를 가진 수인 형상이 남아 있는 장소가 최소한 열여섯 군데나 있다. 연구자들은 이 그림들이 사람 형상을 포함한 물고기나 새와 관련이 있는지를 놓고 의견이 갈리지만, 한 가지만큼은 분명하다. 이것들은 모두 물과 관련이 있다. 이 지역에는 이 그림들 중 일부가 물의 처녀들(물속에서 살면서 사람들을 유혹한 존재들)과 연관이 있다고 이야기하는 전설과 설화가 많이 전해 내려온다.

○

내가 잠수를 한 지 2년이 지났을 때, 조류藻類처럼 보이는 기묘한 것을 발견했다. 정체가 무엇일까 궁금해하면서 가까이 다가가 조심스럽게 손가락을 갖다대 보았다. 그러자 갑자기 거기서 가시가 돋친 조류로 위장하고 있던 동물이 나타나더니 흐물흐물한 두족류로 변신했다. 나는 여기서 남아프리카 해안에서만 발견되는 종인 혹갑오징어를 처음 만났다. 이 갑오징어는 자기 몸의 질감과 색을 확 바꾸어 주변의 배경을 흉내낼 수 있다. 위협을 느끼면 몸 전체에 가시를 돋아나게 해 맛없는 동물처럼 보이게 한다. 이것이 결절이나 혹처럼 보여 혹갑오징어란 이름이 붙었다. 이 가시는 혹갑오징어를 가시투성이로 만들거나 위협적으로 보이게 하거나 가시가 많이 돋아 있는 주변 환경에 섞이는 데 도움을 준다.

○

어린 혹갑오징어는 다리 2개를 걷는 데 사용하고, 나머지 6개는 죽 뻗어 원뿔 모양으로 만든다. 이 다리들은 또한 배 쪽을 향해 뻗어 있다. 이런 동작을 하는 한 갑오징어의 모습이 왠지 낯설지 않았다. 그때, 혹갑오징어가 단단한 쇠고둥 껍데기처럼 보였고, 그 껍데기를 집으로 삼아 살아가는 집게처럼 움직였다는 사실이 떠올랐다. 그 갑오징어는 자신의 몸을 바닥에 가까이 갖다대고 무거워 보이는 껍데기를 끌고 가는 시늉까지 냈다. 그 '쇠고둥'을 본 포식 동물은 공격하려는 마음을 접는데, 껍데기를 꿰뚫기가 거의 불가능하다는 사실을 알기 때문이다. 이것은 아주 놀라운 수준의 의태이다. 쇠고둥으로의 변신을 완성하기 위해 갑오징어는 쇠고둥 껍데기에 붙어사는 산호말과 다모류까지 흉내낸다.

○

야생에 태어난 직후의 혹갑오징어 모습이다. 나는 이 알들을 몇 달 동안 지켜보았는데, 알에서 막 깨어나는 몇 분 동안을 놓치지 않고 물속에 있었던 것은 무척 운이 좋았다. 새끼들은 알에서 깨어나 떠나는 순간부터 위험에 놓이는데, 많은 포식 동물이 그런 새끼들을 사냥해 잡아먹기 때문이다. 하지만 혹갑오징어는 몸의 모양과 색을 변화시켜 다른 동물과 식물처럼 보이는 놀라운 능력을 갖고 태어난다.

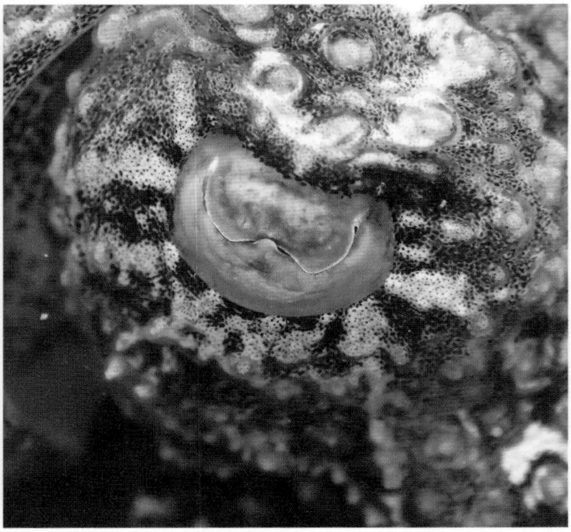

○

혹갑오징어는 액체가 흘러가듯이 마법처럼 기묘하게 움직이면서 어떤 방향으로건 헤엄칠 수 있다. 몸 아래쪽에 있는 근육질 깔때기는 제트 분사 장치와 비슷한데, 액체를 분사하면서 움직이는 혹갑오징어는 마치 소형 호버크라프트처럼 보인다.

혹갑오징어를 아래쪽에서 올려다보다가 배에 큰 패드 2개가 붙어 있는 걸 발견했다. 근접 촬영 사진을 살펴보았더니 큰 아래쪽 촉수에도 비슷한 질감을 가진 패드들이 있었다. 더 자세히 관찰했더니, 패드에 모래 알갱이들이 들러붙어 있었는데, 다른 곳에서는 그런 흔적을 전혀 찾아볼 수 없었다. 그래서 나는 이 패드들이 접착력이 있으며, 너울에 휩쓸려가지 않도록 바위에 들러붙는 용도로 쓰인다고 결론 내렸다. 혹갑오징어의 이 행동을 다룬 논문을 쓴 찰스 그리피스 교수가 이 가설을 확인해주었는데, 그리피스 교수는 혹갑오징어가 실제로 바위에 들러붙는다는 사실을 발견했다. 그러고 나서 다른 데로 이동할 때에는 혹갑오징어는 특별한 샘에서 접착 성분을 녹이는 용액을 분비한다.

○

패치워크갑오징어는 켈프 숲의 얕은 동굴에서 살며, 가끔 파자마상어와 함께 살 때도 있다. 이 사실은 다소 놀라운데, 파자마상어는 문어 같은 다른 두족류를 잡아먹기 때문이다. 패치워크갑오징어는 파자마상어보다 헤엄치는 속도가 훨씬 빠른데, 따라서 속도가 최선의 방어무기가 아닐까 싶다.

패치워크갑오징어에게는 독특한 위협 행동이 두 가지 있다. 동굴 안에서 패치워크갑오징어는 몸 색깔이 흰색으로 변하면서(202-203쪽 참고) 바닥에 가장 가까이 있는 두 다리로 걸어가면서 나머지 6개의 다리를 쫙 펼친다. 반면에 탁 트인 바다에서는 몸 색깔이 밝은 색으로 변하고, 눈이 아주 커지거나(왼쪽) 두 다리를 수직으로 들어올려 '뿔'처럼 보이게 한다.

이 갑오징어는 아주 영리하여 물고기처럼 시각에 의존하는 포식 동물에게만 눈을 크게 뜨는 위협 행동을 사용하고, 냄새나 전기 신호에 의존해 먹이를 찾는 포식 동물에게는 사용하지 않는다. 이 갑오징어가 내가 시각에 의존하는 동물이라는 사실을 어떻게 아는지 몹시 궁금한데, 내가 너무 가까이 다가가면 이 갑오징어는 낮은 수준의 위협 행동으로 경고하면서 나를 쫓으려고 한다. 이런 동작을 이해하면 유용한데, 동물의 기분이 어떤지 알려주기 때문이다. 동물이 날 보고 물러나라는 신호를 보내면, 나는 뒤로 물러난다.

아우데크랄에서 일어난 일을 이야기하자, 크레이그는 나를 위해 매우 기뻐했고, 그 경험을 공유하는 사람이 있다는 사실에 흥분한 듯했다. 크레이그는 수십 년 동안 원초적 환희에 대해 생각했고, 지난 몇 년 동안 우리 조상이 남긴 단서들을 추적하려고 노력하면서 열정적으로 연구해왔다. 그러면서 산족과 함께 지낸 경험을 또 한 번 언급했는데, 다른 사람들이라면 대부분 죽음을 피하기 어려운 혹독한 조건에서도 그들은 즐겁게 살아간다고 했다. 크레이그는 그 비밀이 분리된 개인이라는 느낌을 버리고 환경과 연결된 느낌을 주는 더 넓은 실체에 마음을 여는 방식과 관계가 있을 것이라고 믿었다. 그는 이런 상태를 '자아의 죽음'이라고 표현했다.

크레이그는 내가 켈프 숲에서 자아의 죽음을 자연 발생적으로 경험한 것에 큰 관심을 보였는데, 칼라하리 사막에서 트랜스 댄스를 추는 동안 비슷한 상태를 경험했기 때문이다. 크레이그는 이 경험에 크게 매료되어 '창의 심장들'이라 불리는 가장 강한 능력을 지닌 샤먼들의 가르침을 받기 위해 산족을 여러 번 찾아갔다. 늙은 여자 몇 사람으로 이루어진 '창의 심장들'은 아주 외딴 사막에서 살아간다. 크레이그는 산족은 이런 종류의 경험을 수천 년 동안 남아프리카 도처의 암각화에 기록했다고 말했다. 그리고 케이프타운의 자연사박물관에서 그들의 작품을 일부 보여주겠다고 제안했다.

나는 산족 문화에 관심을 가진 적이 전혀 없었고, 그마저도 대부분 접근할 수조차 없었다. 오래전에 학교에서 박물관으로 견학을 갔을 때 산족의 전시물을 본 적이 있었지만, 그것들은 원주민 학살이라는 이 나라의 어두운 역사에서 아주 슬픈 장을 대표하는 것처럼 보였다. 구슬 세공은 아름다웠고, 사막에서 살아남는 능력에는 흥미로운 점이 있었지만, 그게 다였다. 하지만 이제 아우데크랄에서 그 경험을 하고 난 뒤로는 더 많은 것을 알고 싶었다.

박물관에 들어선 우리는 곧 산족 유물이 전시된 일련의 방들에 도착했다. 주요 작품 중 하나는 린턴 패널Linton Panel이라 부르는 거대한 암각화인데, 1918년에 케이프타운까지 운반하느라 엄청난 노고가 들었을 것이다. 설명문에는 패널 속의 한 인물이 남아프리카공화국을 상징하는 국장國章으로 쓰였다고 적혀 있었다. 그 옆에 있는 그림은 자신을 마주 보고 있는 산족 남자의 거울상을 보여주었다. 설명문에는 이 그림이 "통일을 상징하는 인사 동작"이며, 또한 "개인이 전체 인류에 속하는 더 거대한 의식으로 변화하기 시작하는 것을 나타낸다."라고 적혀 있었다.

나는 나중에 이 거울상 인물이 원래의 작품에는 없는 인물이라는 사실을 발견했다. 남아프리카 공화국 정부는 원주민을 인정하고 포함시키려고 시도하다가 자의적으로 해석한 이미지를 만들어냈고, 그 남자의 발기한 남근을 제거함으로써 자기도 모르게 강한 생명력과 그 원천과의 연결을 나타내는 산족의 상징을 지우고 말았다.

나는 곧 훨씬 흥미로운 패널의 나머지 부분에 정신이 팔렸다. 한 명 또는 여러 명의 화가가 사람과 동물과 신화 속의 형태를 합쳐 놀랍도록 풍부하고 기묘한 콜라주를 그렸는데, 그것들은 다양한 자세로 바위 위에 떠다니는 것처럼 보였다. 가느다란 빨간색 선들이 흰 점들과 함께 많은 인물들 사이를 지나갔다. 선들은 키 큰 남자의 머리에서 나오는 것처럼 보였는데, 크레이그는 그 사람이 트랜스에 빠진 샤먼이라고 말했다. 그 남자는 반은 사람이고 반은 유령인 것처럼 보였는데, 몸이 레드오커red ochre(산화철을 포함한 빨간색 흙 또는 그것으로 만든 적갈색 안료—옮긴이)로 칠해져 있고 머리는 하얀 해골이었기 때문이다. 그것은 아주 강력한 효과를 발휘해 마음을 어지럽혔다. 왜 크레이그가 그 남자를 다른 세계를 방문하는 샤먼이라고 생각하는지 이해가 갔다.

패널의 선들을 보고 크레이그는 산족 스승들에게서 들은 이야기를 떠올렸다. 그들은 '신에게 연결된 밧줄'을 이야기했는데, 일부 샤먼은 높은 수준의 추적을 하는 동안 풍경 속을 관통하는 이 빛의 선들을 볼 수 있다고 설명했다. 산족은 만약 어떤 동물과 연결되면, 설령 사냥을 하는 동안이라고 해도 사람과 그 동물 사이에 사랑의 실이 생겨난다고 믿었다. 만약 그 연결이 깊어지면, 시간이 지나면서 실들이 엮여 밧줄이 되며, 그 밧줄이 그들을 '신'에게 연결시킨다. 그림의 선들이 나타내는 것은 아마도 이것이 아닐까?

나는 슈퍼클립비스와 호텐토트도미와 함께한 순간들 덕분에 크레이그가 말하는 것이 무엇인지 즉각 이해했다. 그때, 나는 말로 표현하는 것이 거의 불가능한 사랑과 팽창을 느꼈다. 그때, 나는 잠깐이긴 했지만 아직도 내 속에 잠재돼 있는 오래된 인간의 조건에 맞닥뜨렸다는 사실을 알았다.

그러고 나서 크레이그는 나를 같은 방의 반대쪽 끝에 있는 전시물로 안내했다. 조명이 희미하게 비치는 작은 유리 상자 속에 아주 평범해 보이는 전복 껍데기가 들어 있었다. 시포리스트 바닥에서 자주 볼 수 있는 종류의 전복이었다. 나는 거기에 갈색 반죽이 약간 들어 있는 걸 알아챘지만, 그게 다였다. 만약 혼자 왔더라면, 그냥 무심코 그것을 지나쳐 다른 곳으로 가고 말았을 것이다. 그 중요성에 대해 묻자, 크레이그는 그것이 발견된 것 중 가장 오래된 그릇이라고 말했다. 약 10만 년 전의 것으로 추정되는 그 전복 껍데기에는 오커와 뼈, 숯의 흔적이 남아 있었다. 자신의 친구이자 사람의 기원에 관한 스승인 크리스 헨실우드Chris Henshilwood 교수가 케이프타운에서 동쪽으로 수백 킬로미터 떨어진 동굴에서 발견한 것이라고 했다.

크리스의 할아버지는 케이프반도 남부에 위치한 블롬보스라는 해안 지역에 땅이 있었다. 그곳은 스틸만 근처에 위치한 바위투성이 황무지였다. 크리스는 어린 시절부터 해변의 동굴들에서 놀면서 오래된 도자기 파편과 조개껍데기를 수집했다. 그 당시에는 자신이 지구에서 손꼽을 만큼 중요한 미발굴 고고학 유적지에서 놀고 있다는

나는 슈퍼클립비스와 호텐토트도미와 함께한 순간들 덕분에 크레이그가 말하는 것이 무엇인지 즉각 이해했다. 그때, 나는 말로 표현하는 것이 거의 불가능한 사랑과 팽창을 느꼈다. 그때, 나는 잠깐이긴 했지만 아직도 내 속에 잠재돼 있는 오래된 인간의 조건에 맞닥뜨렸다는 사실을 알았다.

사실을 전혀 몰랐다. 그곳은 그 후 과학자들이 초기 조상들이 살아간 흔적에서 많은 이야기를 발굴해낸 경이로운 타임캡슐이 되었다.

어른이 된 크리스는 블롬보스의 한 동굴과 거기서 서쪽으로 40킬로미터쯤 떨어진 클립드리프트에서 발굴 작업을 하면서 거의 30년을 보냈다. 이곳에서 크리스는 중석기 시대의 생활상에 대해 세상에서 가장 상세한 과학적 견해를 발전시켰다. 과학자들은 이 시기에 현생 인류가 지구에 처음 나타났다고 믿는다. 크레이그는 거기서 더 나아가 중석기 시대에 지구에 살았던 사람은 겨우 5000~1만 명뿐이었고, 아프리카에서만 살았다고 설명했다.

크리스는 초기 인류의 삶이 생존을 위한 야만적인 투쟁이었다는 믿음은 틀렸다고 생각하는데, 영양분이 풍부한 식품, 정신을 예리하게 만든 포식 동물과의 상호 작용, 오염이나 만성 스트레스가 없는 조건은 믿기 어려운 혁신을 낳는 환경을 만들어냈을 것이기 때문이다. 크리스와 그의 팀이 발견한 6만~10만 년 전의 유물은 고고학 역사에서 가장 풍부한 발견 중 일부이다. 아프리카의 다른 장소들에서도 먼 옛날의 삶을 감질나게 알려주는 퍼즐 조각들이 나오지만, 케이프반도 남부 해안에는 우리의 먼 과거에 대한 기록이 지금까지 발견된 것 중 가장 놀랍도록 온전한 상태로 남아 있다. 오늘날 이 기록은 행동학적 측면에서 현생 인류가 탄생한 지점(사람들이 오늘날의 우리처럼 생각하고 행동하기 시작한 지점) 중 하나를 알려주는 것으로 간주된다.

여기서 크리스와 그의 팀은 가장 오래된 뗀석기 일부와 지구에서 가장 오래된 미술품(7만~10만 년 전에 제작된, 추상적인 무늬가 새겨진 작은 레드오커 조각)으로 보이는 것을 발견했다. 이 물건들이 아주 놀라운 이유는 지금까지 발견된 것 중에서 상징을 표현한 최초의 작품으로 간주되기 때문이라고 크레이그는 설명했다. 이것은 상징물 문화의 시작을 알렸다. 크레이그는 '인지 혁명'으로 알려진 이 시기는 인류사에서 세 가지 위대한 혁명 중 하나였다고 말했다.(나머지 둘은 농업 혁명과 과학 혁명이다.)

나는 인지 혁명은 들은 적이 없었는데, 우리 종의 의식에 일어난 이 도약에 큰 흥미를 느꼈다. 하지만 나는 오래전부터 상징의 사용에 큰 관심을 보였고, 상징이 개념과 물체, 관계를 나타낸다는 사실을 알고 있었다. 나는 또한 모든 의사소통과 데이터 처리가 상징을 사용해 일어나며, 상징이 우리 자신의 지식을 포함해 모든 인간 지식의 기반을 이룬다는 사실도 알고 있었다. 나는 인간의 자아는 우리가 어떤 존재인지 알기 위한 시도에서 우리가 만드는 상징이라는 글을 읽은 적이 있다. 아기는 자신을 세계와 구분하지 못하지만,

우리는 자라면서 나머지 모든 것과 분리되고 독특한 자아 개념을 형성한다. '나'라는 이 느낌이 바로 내가 자아라고 여기는 것이다.

크레이그는 계속해서 상징물 문화가 상징을 만들고 그것을 뇌 바깥에 기록하는 우리만의 독특한 능력이며, 이 덕분에 우리 종은 지구에서 나머지 모든 종을 지배할 수 있었다고 설명했다. 지구에 존재하는 종의 수는 약 1조로 추정되는데, 우리에게 모든 종을 압도하는 힘을 준 것은 바로 이 능력이다. 크레이그는 상징의 사용은 우리 종이 이룬 것 중 가장 위대한 업적으로 간주되며, 나머지 모든 발명의 기반이 되었다고 말했다. 현생 인류의 마음은 바로 이 중석기 시대에 그 토대가 마련되었다. 다시 말해서, 바로 이 시기에 우리 종이 '깨어난' 것이다.

하지만 이 힘에는 어두운 면도 있다. 크레이그는 지난 수백 년 동안 일어난 '대망각'에 대해 이야기했는데, 인간은 자기 자신에 대한 개념에 너무 푹 빠진 나머지 원래의 본성을 잊어버렸다고 한다.

우리는 몇 걸음을 옮겨 다른 전시물을 보았는데, 그림이 새겨진 오커 조각을 복제한 것이었다. 나는 희미한 조명 아래에서 그것을 응시했는데, 아주 단순하고 조야한 작품인데도 불구하고, 그것이 지닌 의미에 크게 놀랐다. 최초의 미술가가 작은 오커 조각에 그 무늬를 새길 때, 자신의 머리 내부를 자발적으로 돌 위에 투사한 것 같았다. 소프트웨어로 암호화된 하드웨어(우리 마음의 표상)가 처음으로 눈에 보이게 된 것이다. 이후에 발명될 모든 책과 컴퓨터, 미술 작품, 통화, 언어, 로고, 이메일의 조상을 만드는 순간, 그 미지의 호미니드는 최초의 지혜로운 인간이 된 것이 아닐까?

나는 린턴 패널로 되돌아가 새로운 눈으로 그 작품을 바라보았다. 패널에서 흥미로운 인물이 또 하나 눈에 띄었는데, 이 사람 역시 얼굴은 흰색이었지만, 자신의 몸을 뜯어먹는 물고기와 함께 누워 있었다. 이번에도 불가사의한 선들이 그의 몸을 지나갔다. 크레이그에게 묻자, 크레이그는 그 사람이 트랜스 상태에 빠진 샤먼이라고 알려주었다. 샤먼은 마치 물속에 있는 것처럼 트랜스에 빠지는 경우가 많은데, 물고기가 상징하는 것이 바로 그것이라고 설명했다.

우리는 계속 돌아다니며 나머지 전시물들을 보았는데, 크레이그는 자신이 연구해온 다른 암면 미술 작품을 일부 보여주었다. 한 그림은 남자의 몸에 영양 머리처럼 생긴 머리를 가진 인물이 춤을 추는 듯한 모습을 묘사했다. 나는 크레이그가 배트맨 같은 어린 시절의 슈퍼히어로와 더 오래된 신화 속의 짐승에 대해 이야기한 것을 떠올리면서 그것에 큰 흥미를 느꼈다. 나는 그 작품들의 아름다움과 풍부한 상징에 놀랐다. 이 미술가들이 마치 자아 상태를 뛰어넘어 다른 현실로 가는 길을 보여주기 위해 돌 위에 매우 선명한 지도를 남긴 것 같았다. 그것은 특히 최근에 아우데크랄의 바다 숲에서 특별한 경험을 한 나에게는 큰 의미가 있었다.

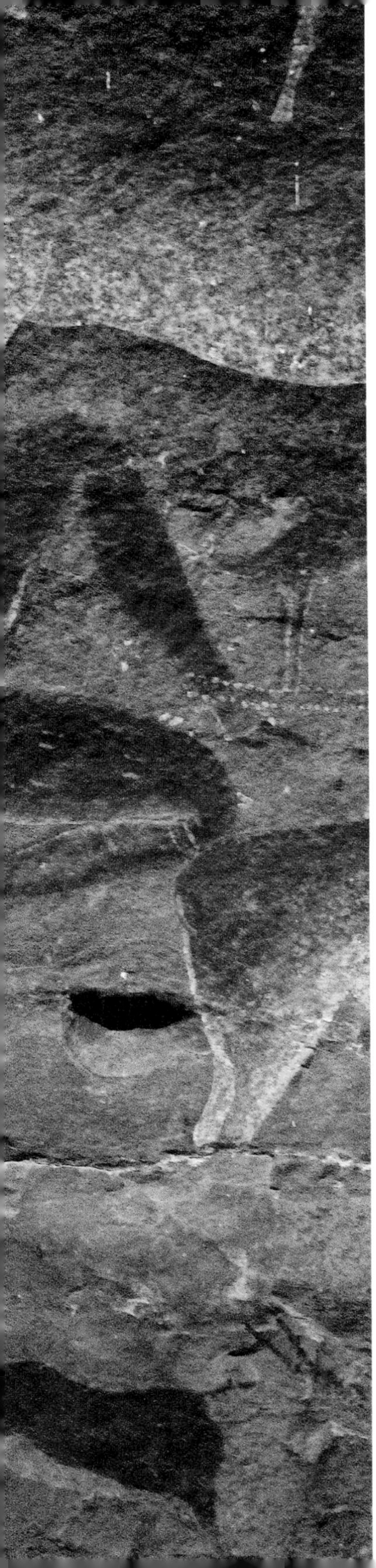

로스가 암각화의 이 인물에 끌린 것은 전혀 놀라운 일이 아니다. 이 장면은 내게도 특별히 강렬한 인상을 주는데, 샤먼이 물속에 있기 때문이다. 칼라하리 사막의 산족 샤먼들은 트랜스 상태에 빠졌을 때 물속에서 돌아다닌 경험을 들려주었다. 처음에는 아주 기이하게 들렸는데, 매우 건조한 환경에서 살아가는 그들은 육체적으로 물속에 들어갈 일이 없었기 때문이다. 하지만 해안고고학을 통해 먼 옛날에 우리와 바다의 관계를 연구한(그리고 나 자신이 바다에서 아주 많은 시간을 보낸) 나는 그러한 물속의 경험이 우리의 오래된 기억에 깊이 박혀 있으며, 변성 상태와 관련이 있는 영역의 일부가 되었다는 사실을 깨닫게 되었다. 우리가 물속 환경인 자궁에서 아홉 달을 보내는 것도 이 현상에 영향을 미쳤을 수 있다.

린턴 패널(8-9쪽)은 산족의 암면 미술 유적 중 대작으로 꼽힌다. 이 암각화는 내게 산족 스승들이 자신들과 동물과 신과의 관계를 이야기하는 방식을 상기시킨다. 그들은 각각의 동물에 연결되는 실을 만들었고, 시간이 지나면서 이 실들이 밧줄(신에게 연결되는 밧줄)이 되었다고 한다. 내 스승인 응카테 응캄크세베는 “추적을 하는 것은 춤을 추는 것과 같다. 너는 신과 이야기하고 있는 것이다.”라고 설명했다.

그림이 새겨진 이 레드오커는 케이프반도 남부의 스틸만 부근에 위치한 블롬보스 동굴에서 발견되었다. 고고학자인 크리스토퍼 헨실우드와 카런 판 니커르크Karen van Niekerk는 이것과 함께 그림이 새겨진 레드오커를 13점 더 발견했다. 나는 크리스토퍼와 특별한 대화를 수백 번 나누면서 인류의 기원에 관해 많은 것을 배웠다. 이 오커 작품들은 지구 최초의 추상 미술 컬렉션을 대표하며, 인류가 뇌 바깥에 정보를 저장한 사실을 보여주는 가장 오래된 증거 중 일부이다. 어떻게 보면 이것들은 우리가 만든 최초의 책이자 최초의 컴퓨터라고 할 수 있다!

ㅇ

10만 년 전에 아주 적은 수의 인류 집단(아마도 2000명 미만)이 남아프리카 해안선을 돌아다녔다. 이곳의 독특한 환경이 제공한 풍요 덕분에 그들은 단순한 생존 모드에서 벗어나 새로운 사고방식으로 깨어날 수 있었다. 그 과정은 아마도 오랜 시간에 걸쳐 일어났겠지만, 고고학 기록에서는 이러한 문화의 복잡성이 갑자기 나타난 것처럼 보인다. 먹을 것이 넘치고 아름다울 정도로 깨끗한 물이 있고 질병이 거의 없는 환경에서 이들은 혁신을 일으킬 시간이 있었다. 이들은 세상에서 가장 오래된 화학 도구와 가장 오래된 미술 컬렉션을 만들었다.

이것은 인류가 최초로 뇌 바깥에 정보를 기록한 순간이었는데, 나는 이것이 인류의 전 역사를 통틀어 가장 중요한 순간이었다고 생각한다. 나는 이 혁명이 농업 혁명이나 산업 혁명보다 더 급진적이었다고 믿는다. 우리는 이집트의 피라미드와 마추픽추, 타지마할 같은 건축물을 우러러보지만, 이것들은 최초로 뇌 바깥에 정보를 기록한 사건과 비교하면 아무것도 아니다. 최초의 미술, 최초의 화학, 최초의 활과 화살, 이 모든 것이 바로 이곳, 남아프리카 해안

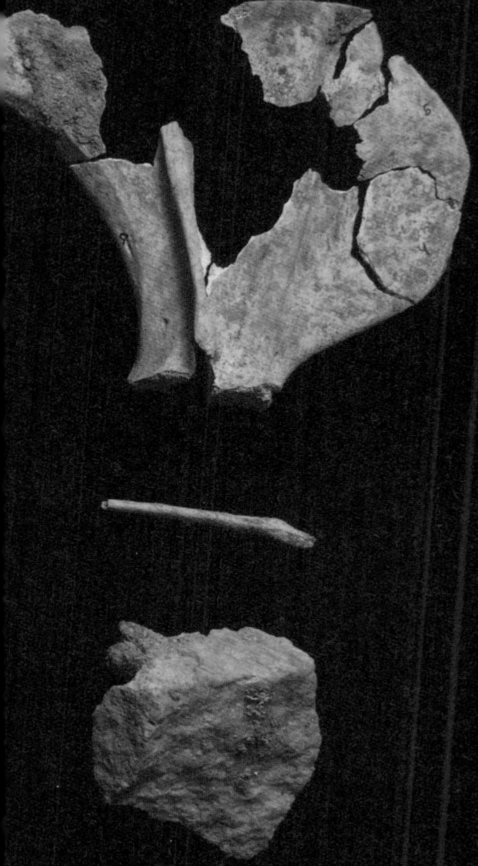

에서 일어났다. 이 경이로운 장소는 우리가 기본적으로 사람이 되는 일이 일어난 곳이다. 우리는 이 강력한 발명들을 수천 년 동안 환경에 거의 아무 영향도 미치지 않으면서 지혜롭게 사용했다. 뇌 바깥에 정보를 저장하는 이 능력이 어두운 시대를 낳기 시작한 것은 농업이 시작되면서부터였다.

야생 자연을 알면, 우리의 전인적 존재는 다음번 끼니는 어디서 구해야 할지 걱정할 게 전혀 없다. 심지어 가뭄이 닥친 시기에도 우리는 야생의 식량을 어디서 찾을지 정확하게 안다. 게다가 우리는 유랑민이어서 늘 비를 따라, 그리고 바다가 실어온 풍요로움을 따라 이동한다. 하루에 두 시간만 일해도 충분하기 때문에, 아주 느긋하고 평화롭게 삶을 바라볼 수 있다.

농업이 등장하면서 편집증이 시작되었다. 갑자기 우리의 삶은 날씨와 가뭄과 곤충 떼의 자비에 의존하게 되었다. 우리의 의식은 땅과 바다가 공급하는 식량으로 늘 우리 자신을 먹여 살릴 수 있음을 알던 것으로부터, 농사가 실패할지 혹은 기르는 동물이 굶어 죽을지 어떨지 알 수 없는 것으로 변했다. 우리는 근심 걱정 없는 자연계의 주인에서 어렵게 얻은 작물과 가축을 잃지나 않을까 늘 전전긍긍하는 존재로 변했다. 그래서 우리는 물건을 저장하고 절약하기 시작했다. 더 많은 부를 쌓을수록 우리는 보호해야 할 것이 그만큼 더 많아졌다. 이것은 전쟁의 시작을 낳았다.

박물관을 방문한 후에 나는 마침내 크레이그가 추적과 자연계에 푹 빠진 이유를 이해했다. 추적하는 법을 배우고, 나도 그레이트 아프리칸시포리스트에 연결된 이 가느다란 실들을 더 많이 엮을 수 있는지 알고 싶었다. 나는 크레이그의 잠수에 더 자주 동행했고, 우리는 잠수를 하기 전에 시포리스트를 향해 겸손하게 말을 하는 버릇이 생겼다. 이것은 크레이그의 아이디어였는데, 그는 전혀 거리낌없이 마음속의 생각을 그대로 말했다. 크레이그는 안내와 보호를 부탁했고, 시포리스트에 대한 사랑을 아주 자세히 이야기했다.

나는 그렇게 하기가 아주 어색했다. 내 차례가 왔을 때, 나는 말을 하길 거부하거나 유치해 보이는 단어 몇 개를 웅얼거리고 마는 경우가 많았다. 그래도 어쨌든 말을 한다면, 대개 몸을 따뜻하게 해달라고 부탁했다. 그러고 나서 물속으로 들어갈 때에는 추위야 어서 들어오거라, 추위는 내 친구야, 나는 추위를 아주 사랑해를 비롯해 그 밖의 쓸데없는 헛소리를 스스로에게 계속 되뇌었는데, 물론 그 효과는 전혀 없었다. 나는 여전히 30분 무렵에서 벽에 부닥쳤고, 그러면 황급히 물 밖으로 나왔다.

우리는 대개 크레이그의 집 바로 앞에서 잠수를 했는데, 그곳은 해저에 큰 바위들이 아주 많이 널려 있어서 흥미로웠다. 이 바위들은 동굴과 터널, 흥미로운 돌출부, 암벽을 만들어냈다. 한 터널은 길이가 20미터쯤 되었는데, 무성한 켈프 때문에 좁고 깊은 입구를 찾기가 힘들었다. 하지만 그 끝은 거의 2층 높이의 커다란 삼각형 동굴로 이어지는데, 이 동굴은 환상적인 초록색 빛이 가득 넘친다. 모래 바닥에는 많은 불가사리가 모여 있고, 빨간색과 주황색 부채산호가 벽을 뒤덮고 있다. 때로는 많은 물고기 떼가 터널에 모여드는데, 심지어 상어도 모여든다.

특별히 화창한 날에 헤엄을 치다가 터널에 빗해파리가 많이 모여 있는 것을 보았다. 관처럼 생긴 이 아름다운 동물은 몸이 투명하며, 네온색 빛이 몸을 따라 죽 이어지면서 깜빡거린다. 나는 한 빗해파리를 보다가 최면에 빠져 나 자신을 완전히 잊어버렸다. 정신이 돌아왔을 때, 나는 숨이 거의 다 찼고, 어서 동굴에서 빠져나가 수면으로 되돌아가야 한다는 사실을 깨달았는데, 수면까지는 10미터를 더 올라가야 했다.

출구에 다가갈 때, 예상치 못했던 물살이 강하게 밀려오면서 나를 뒤로 밀어냈다. 나는 매우 위험한 상황이라는 걸 즉각 간파했다. 바다에서 죽음의 위험을 느낀 적은 거의 없었지만, 강한 물살 앞

터널에 빗해파리가 많이 모여 있는 것을 보았다. 관처럼 생긴 이 아름다운 동물은 몸이 투명하며, 네온색 빛이 몸을 따라 죽 이어지면서 깜빡거린다.

에서 속수무책이 된 이때만큼은 공포에 휩싸였다. 폐는 폭발하고 있었고, 나는 실신하기 직전이었다. 동굴을 빠져나가지 못하면, 그대로 죽을 수밖에 없는 상황이었다. 나는 젖 먹던 힘을 다 짜내 발길질을 했다. 운 좋게도 때마침 물살이 바뀌었고, 나는 물을 뚫고 나와 밝은 햇살을 다시 보았다. 나는 숨을 힘겹게 몰아쉬면서 탈진 상태가 진정되길 기다렸다.

나는 물 밖으로 나가야 했으므로, 가까이 있던 크고 납작한 바위 위로 올라갔다. 크레이그가 염려스러운 표정으로 다가와 괜찮으냐고 물었다. 위급한 상황에 압도되어 정신이 나간 나는 대답조차 할 수 없었다. 눈을 감고 바위에 못 박힌 듯이 앉아 있는 동안 내 속에서 어둠이 깨어나는 걸 느꼈다. 눈을 뜨자, 짠물 몇 방울이 발가락에 떨어진 뒤, 바위에 붙어 있던 삐죽삐죽한 회색 따개비로 스며드는 게 보였다.

4부

다섯 길 아래

기분이 변하면서 불안해졌다. 처음에 나는 동굴에서 겪은 사건과 연관된 외상 후 스트레스라고 생각해 곧 사라지리라고 보았다. 하지만 몇 주일이 지나도 상태는 오히려 악화되었다. 악몽도 자주 꾸었는데, 내 집과 테이블산과 심지어 도시 전체가 거대한 싱크홀로 빨려들어가는 장면을 자주 보았다. 나는 이것을 무의식이 보내는 경고 신호로 간주했지만, 내가 깨운 것이 무엇인지 알 수 없었다.

나는 우울증에 빠졌고, 때로는 정신이 몸에서 분리되어 내 몸 위 3미터쯤 되는 곳에 떠 있는 느낌이 들었다. 나 자신을 바라보는 것은 완전히 낯선 사람을 바라보는 것과 같았고, 한때 나였던 이 사람이 자동 조종 장치로 말할 때 나는 멀리 떨어져서 그 소리를 들었다. 또한, 조지프와 함께 있으면 몹시 힘들었다. 나는 그것이 내 잘

못이라는 걸 알았지만, 조지프의 세계로 들어갈 기력이 없어 내 세계로 더 깊이 물러났다.

한 친구가 남태평양 항해 여행을 함께 떠나자고 제안하자, 나는 그 제안을 덥석 수락했다. 그를 포함해 세 친구와 함께 아름다운 소시에테 제도와 투아모투 제도를 여행하고 환상적인 열대 파도 위에서 서핑을 하면 아주 멋진 기분 전환이 될 것 같았다. 하지만 한 달 동안 항해를 한 끝에 타히티섬에 도착했을 때, 친한 친구가 자살을 했다는 소식이 날아왔다. 그 친구는 평소에 아주 행복해 보였고, 매력적인 아내와 아름다운 어린 아들이 있었으며, 살아야 할 이유가 차고 넘쳤다.

나는 케이프타운으로 돌아갔지만, 내 몸의 모든 세포는 태평양을, 그리고 그다음에는 인도양을 계속 항해하길 원했다. 나는 부모의 스트레스(그리고 거기서 나를 기다리고 있는 느낌이 드는 어둠)가 기다리는 집으로 돌아가고 싶지 않았다. 공항에 도착하자, 아내와 아들은 나를 다시 만나 매우 기쁜 것처럼 보였고, 나는 인사를 나누면서 나의 깊은 소외감을 숨기려고 최선을 다했다.

집으로 돌아온 뒤 크레이그를 계속 만났지만, 나는 이미 열정을 잃어버렸고, 크레이그는 나와 거리가 아주 멀어졌다는 사실을 알아챘다. 나는 마스크나 물갈퀴를 챙겨오는 걸 자주 잊어먹었고, 잠수를 할 수 없는 그 밖의 핑계를 만들어냈다. 또, 추위를 20분도 견뎌내지 못했고, 물속에 들어가자마자 밖으로 나왔다. 이젠 잠수복 없이 켈프 숲에서 잠수를 하는 것은 어리석은 짓으로 보였고, 내가 도대체 왜 그것에 그토록 빠졌는지 궁금한 생각이 들었다. 태평양의 열대 바다에서 잠수를 하는 것에 비하면, 이것은 그저 자기 몸에

채찍질을 하는 거나 다름없어 보였다.

크레이그는 자신이 사랑하던 갑오징어에서 큰학치로 관심이 옮겨갔는데, 첫 번째 잠수를 시작할 때 그가 잡았던 것과 동일한 작은 물고기였다. 이제 크레이그는 이 동물에 대해 사람이 알아낼 수 있는 것은 모두 다 알아내는 데 전념한 듯 보였고, 심지어 이 물고기를 조사하기 위해 자기 집에 값비싼 수족관까지 설치했다.

크레이그는 큰학치가 바위에 어떻게 들러붙으며, 어떻게 물 위로 높이 뛰어올라 파도를 타고 암벽으로 올라오는지 보여주었다. 그렇게 암벽 위로 올라와 자리를 잡은 큰학치는 몇 초 동안 몸을 떨다가 삿갓조개를 턱으로 콱 문다. 그리고 마치 우리가 병마개를 비틀어 따듯이 재빨리 몸을 비틀면서 삿갓조개를 바위에서 떼어낸다. 크레이그는 고속 카메라 장비를 사용해 이 동작을 발견했고, 이 발견에 크게 흥분했다.

찰스 그리피스 교수는 큰 사랑과 존경을 받는 해양생물학자로, 케이프타운 대학교에서 연구와 강의를 하면서 40년을 보냈다. 찰스는 친절하고 생기발랄한 60대 학자인데, 남아프리카 공화국 주변 바다에 대한 그의 지식은 폭과 깊이를 겸비하고 있다. 40년 동안의 연구 경력을 통해 새로운 종을 100종 이상 발견했고, 남아프리카 바다의 모든 것에 관한 참고 서적으로서는 성경에 해당하는《두 대양 *Two Oceans*》을 공동 저술했다.

크레이그는 한동안 찰스와 연락을 주고받으면서 시포리스트에서 희귀한 동식물을 찾고 촬영하는 일을 도왔으며, 봄날의 썰물 때면 함께 조간대를 산책했다. 그것은 크레이그에게 '그랜드 마스터'로부터 배울 수 있는 소중한 기회였고, 두 사람은 금방 좋은 친구가

나는 우울증에 빠졌고, 때로는 정신이 몸에서 분리되어 내 몸 위 3미터쯤 되는 곳에서 떠 있는 느낌이 들었다. 나 자신을 바라보는 것은 완전히 낯선 사람을 바라보는 것과 같았고, 한때 나였던 이 사람이 자동 조종 장치로 말할 때 나는 멀리 떨어져서 그 소리를 들었다.

되었다. 크레이그가 큰학치 사진을 보여주자, 찰스는 경탄을 금치 못했는데, 그 행동은 과학계에 알려지지 않은 것이었기 때문이다.

대학교의 해양생물학 연구자들과 함께 일하면서 크레이그는 어린아이처럼 흥분했고, 새로운 새우 종(거의 보이지 않을 정도로 작고 반투명한)을 발견했을 때에는 벅찬 기쁨을 주체할 수 없었다. 그 발견이 공식적으로 확인된 뒤에 그 새우의 학명은 크레이그 포스터의 이름을 따 헤테로미시스 포스테리*Heteromysis fosteri*로 정해졌다. 크레이그와 찰스는 함께 새로운 새우를 세 종 더 발견했다.

나는 크레이그를 자랑스럽게 여기지만, 그의 관심까지 공유하진 않는다. 크레이그도 나의 열정 부족을 잘 알리라고 확신한다. 자연은 '먹느냐 먹히느냐'라는 잔인한 과정처럼 보였고, 나는 귀여운 얼굴을 가진 삿갓조개들이 공기를 호흡하면서 암벽에 기어오를 수 있는 괴물 물고기에게 잡아먹히는 장면이 계속 떠올랐다. 이 모든 것은 아무 의미 없는 것처럼 보였지만, 이제는 전혀 즐겁지가 않았다.

○

로스와 피파와 나는 물 밖으로 우뚝 솟은 거대한 화강암 암벽 옆으로 이동하고 있었다. 너울이 넘실거렸고, 물이 우리 밑으로 깊이 무너져내렸다. 모든 것이 움직였고, 수천 개의 거품이 수은 같은 은빛 방울이 되어 암벽을 따라 휙 날아갔다. 그때, 나는 꼼짝도 않고 가만히 있는 이 물체를 보았다. 대혼란 한가운데에서 큰학치가 조용히 침착하게 버티고 있었다. 큰학치는 커다란 빨판으로 멍게에 들러붙어 있었다. 나는 큰학치가 삿갓조개를 사냥하기 위해 파도를 타고 수직 암벽 위로 올라갈 기회를 기다리고 있다는 사실을 즉각 알아챘다. 이 사진은 물살이 센 환경에서 사냥하는 데 잘 적응한 물고기인 큰학치의 특징을 잘 포착했다. 우리는 사진을 찍고 싶었지만, 이러한 격랑과 면도날처럼 날카로운 홍합 곁에서 어떻게 해야 사진을 잘 찍을 수 있을까? 우리는 부드러운 멍게를 붙잡고 매달려 번갈아가며 사진기로 촬영을 했다. 나는 멍게를 붙잡고 있던 손을 몇 차례 놓쳤고, 홍합 껍데기에 살이 베였으나 다행히도 깊게 베이지는 않았다. 큰학치는 미동도 하지 않고 물살에 이리저리 휩쓸리는 우리를 지켜보았다. 마침내 우리는 큰학치가 물 위로 솟구치는 여행을 아무 방해 없이 하도록 내버려두었다.

○

왼쪽 위 큰학치는 학치 중에서 가장 큰 종이다. 큰학치가 이곳 남아프리카에서 진화했다는 사실은 놀랍지 않은데, 이곳은 삿갓조개가 세계적으로 풍부한 곳이기 때문이다. 삿갓조개는 큰학치의 주요 먹이이다(살뿐만 아니라 껍데기까지). 큰학치는 몸 아래쪽에 커다란 빨판이 발달했는데, 이곳에 있던 지느러미가 변형되어 생긴 것이다. 큰학치는 이 빨판으로 자기 몸무게의 수백 배 하중도 지탱할 수 있어 거친 파도가 쳐도 해변으로 휩쓸려가지 않고 사냥을 할 수 있다. 큰학치는 삿갓조개를 사냥할 때, 동물계 전체에서 손꼽을 만큼 놀라운 재주를 보여주는데, 나는 이 행동은 이전에 기록된 적이 없다고 믿는다.

왼쪽 아래 바위 표면에 붙어 있는 이 큰학치는 공기로 숨을 쉬면서 먹이인 좁쌀무늬삿갓조개granular limpet가 있는 곳으로 가까이 데려다줄 다음번 파도를 기다린다.

○

파도에 실려 위로 올라온 이 큰학치는 기다란 이빨로 삿갓조개를 붙잡은 뒤, 마치 사람이 손으로 병마개를 돌리듯이 비튼다. 이 비트는 힘에 삿갓조개는 들러붙어 있던 바위에서 떨어지고, 큰학치는 물속으로 돌아간다. 큰학치는 널따랗게 변형된 입으로 삿갓조개를 껍데기까지 통째로 삼킨다. 파도를 타고 서핑을 하고, 공기를 호흡할 뿐만 아니라, 몸을 빙빙 돌려 삿갓조개를 비틀기까지 하는 이 거대한 물고기의 믿기 힘든 행동을 목격한 것은 일종의 특권처럼 느껴졌다.

○

나는 이 어린 큰학치를 깊은 틈 속에서 발견했다. 이 큰학치는 큰 안장구멍삿갓조개를 공격했는데, 삿갓조개가 너무 커서 변형된 입으로도 삼킬 수가 없었다. 큰학치는 삿갓조개가 죽길 기다리는 것 같았다. 그러면 삿갓조개의 커다란 근육질 발이 느슨해져서 큰학치는 삿갓조개를 삼킬 수 있다. 큰학치는 먹이를 자를 수 있는 이빨이 없어, 먹이를 통째로 삼켜야 한다.

○

오른쪽 위　나는 이 큰학치와 혹갑오징어가 나란히 있는 것을 보았을 때, 눈을 비비고 다시 쳐다보았다. 나는 두 동물을 잘 알지만, 왜 서로 공격하지 않고 참는지 그 이유를 짐작하기까지는 시간이 좀 걸렸다. 나는 갑오징어는 연하고 취약해 강한 큰학치에게 공격당할 수 있는 반면, 큰학치는 갑오징어의 독니에 물리면 쉽게 죽을 수 있기 때문이 아닐까 추측한다. 두 종은 다 자라기 직전에 특히 취약하다. 두 종은 동일한 좁은 바위 공간에서 살아가는 경향이 있다.
나는 잠재적 먹이 명단에서 상대를 지우는 것이 두 종 모두에게 도움이 된다고 믿는다. 두 종은 시포리스트에서 수백만 년 동안 함께 살아오면서 오래전에 동맹을 맺은 것처럼 보인다.

오른쪽 아래　알에서 깨어난 지 불과 몇 분밖에 안 된 혹갑오징어가 어린 큰학치 곁으로 쭈뼛거리며 다가간다.

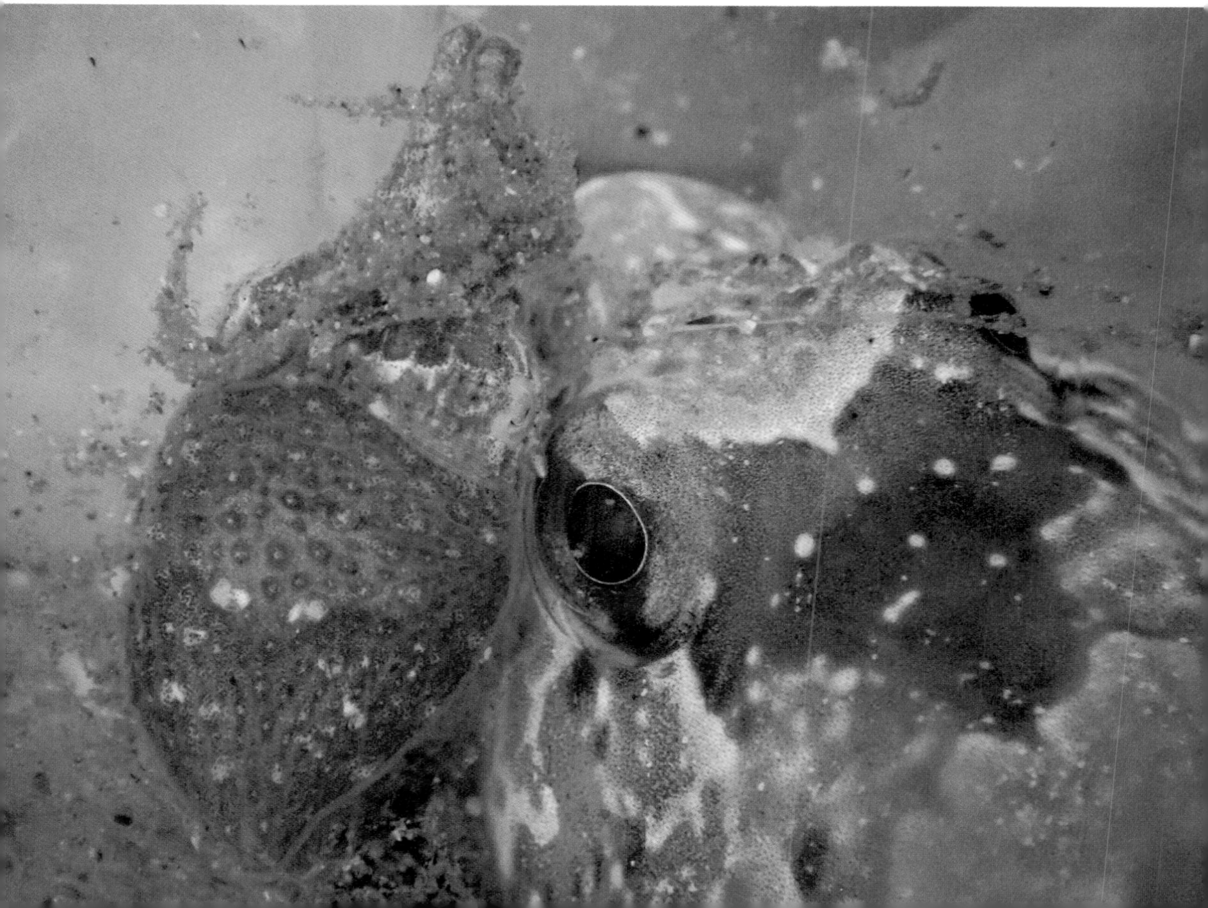

○

하루는 기묘한 행동을 하는 큰학치 한 쌍을 발견했다. 이들은 빨판을 바닥에 대고 걸으면서 서로를 향해 다가갔다. 서로 몸을 부딪치더니, 한 마리의 몸 색깔이 암갈색에서 밝은 노란색으로 변했다. 그리고 몇 시간 뒤에 이 큰학치가 알을 낳기 시작했다. 기묘한 행동은 일종의 구애 춤이 틀림없는데, 이 행동은 여태까지 기록된 적이 없었다. 암컷이 알을 약 5000개 낳자, 수컷이 그것들을 수정시켰다.

○
큰학치는 대개 반반한 바위 표면에 알을 낳지만, 가끔은 높은 켈프 임관으로 헤엄쳐 가 켈프 엽상체에 알을 낳는다.

○
일주일이 지난 뒤, 발달하는 배아 물고기의 눈이 보인다. 부모 물고기는 집게 같은 포식 동물의 공격으로부터 알들을 지킨다.

여름이 끝날 무렵, 사이먼스타운 근처에서 헤엄을 친 뒤에 내 차를 향해 걸어가는데 저 멀리 바다에 떠 있는 요트가 시야에 들어왔다. 크레이그는 계속 걸었지만, 나는 잠시 멈춰서서 한참 요트를 바라보았다. 수평선 위로 지나가는 흰 돛에는 뭔가 최면적 요소가 있었고, 나는 풀밭 위에 앉아 그것에 대해 생각했다. 얼마 지나지 않아 요트는 시야에서 사라졌고, 내 눈에는 파란 바다 위에서 무수히 어지럽게 넘실대는 흰 파도만 보였다. 그것은 쓸쓸한 풍경이었고, 평소라면 그냥 일어나 걸어가면서 그 느낌을 날려보냈을 테지만, 무슨 이유에서인지 바다 위로 미끄러져 가던 그 돛의 광경이 내 마음에 계속 남았다. 그곳에 앉아 있는 동안 나는 아버지를 생각했고, 아버지가 어디서 어떻게 살고 있는지 궁금했다. 잠시 정적이 흐르다가 그다음 순간, 내 마음에 커다란 금이 가더니 갇혀 있던 거대한 슬픔의 파도가 나를 덮쳤다.

그다음 며칠 동안 나는 아버지에게 무슨 일이 일어났는지 알아야겠다는 강박감에 사로잡혔다. 내게는 행동이 필요했다—그 끔찍한 느낌을 떨쳐내는 데 도움을 줄 행동이. 아버지는 살아 있기나 한 것일까? 다른 가정을 꾸몄을까? 어디에 정착해 살고 있을까? 나는 길고도 아마도 결실 없는 탐색을 예상했지만, 페이스북에 아버지 이름을 치자마자 즉각 아버지가 나타났다. 허무했다. 이토록 쉬웠단 말인가? 사진 앨범을 들여다보았더니 산에 자란 핀보스 꽃을 찍은 사진이 수백 개 있었다. 내가 기억하는 냉정한 아버지가 이런 사람이었단 말인가? 그 산이 왠지 낯익어서 더 찾아보다가 더 넓은 풍경 사진을 발견했다. 놀랍게도 먼 곳에 거센 바람이 부는 멋진 바다와 함께 낯익은 등대가 보였고, 그 뒤로 고리 모양으로 늘어선 자주색 산들도 보였다. 그곳은 바로 폴스만이었다.

그제야 나는 아버지가 필시 케이프반도에서 살았고, 그동안 나는 차를 몰고 아버지 집 앞을 수백 번은 지나갔을지도 모른다는 생각이 들었다. 아버지는 이 넓은 세상에서 어디로든 가서 살 수 있었지만, 아주 가까운 이곳에 살고 있었다. 나는 숨을 한 번 깊이 들이쉬고 나서, 내가 아들이며 만나서 손자를 인사시키고 싶다고 짤막한 메시지를 보냈다. 그리고 나는 평화롭게 살고 싶으며, 아무것도 필요하지 않다는 말로 끝맺었다. 이틀 뒤에 나를 무척 보고 싶다는 아버지의 다정한 메시지가 왔는데, 그 주소는 다른 곳도 아닌 사이먼스타운이었다.

나는 크게 흥분했다. 나는 여섯 살이던 조지프에게 한 번도 들

그것은 쓸쓸한 풍경이었고, 평소라면 그냥 일어나 걸어가면서 그 느낌을 날려보냈을 테지만, 무슨 이유에서인지 바다 위로 미끄러져 가던 그 돛의 광경이 내 마음에 계속 남았다. 그곳에 앉아 있는 동안 나는 아버지를 생각했고, 아버지가 어디서 어떻게 살고 있는지 궁금했다.

어보지 못했던 할아버지가 있다고 이야기했다. 조지프는 호기심을 느끼며 할아버지를 만나기로 동의했다. 나는 또한 우리 집에 있는 사진이 대부분 소형 범선 사진이라는 사실을 알아채고 놀랐는데, 마치 어느 날 스스로에게 깨어나라고 상기시키기 위해 이 이미지들을 무의식적으로 선택한 것처럼 보였다. 심지어 내 침대 앞에는 먼 대양에서 달빛이 비치는 바다 위를 외롭게 달리는 커다란 범선 그림이 걸려 있었다. 그것이 내게 어떤 의미를 지니는지 깨달았을 때, 그것은 거의 부끄러울 정도로 너무나도 명백한 상징임이 드러났다.

아버지 집을 보고서 든 첫인상은 대로변에 위치한 깔끔하고 초라한 교외 주택이라는 것이었다. 앞 정원에서 보이는 풍경이 기묘했는데, 저 아래로 내가 어린 시절에 자주 갔던 요트 클럽과 정박지가 내려다보였다. 나는 믿을 수가 없어 머리를 흔들었다. 마침내 벨을 누르고 나서 문이 열리길 기다리는 동안 심장이 마구 쿵쾅거렸다. 나는 도움을 바라며 조지프의 손을 꽉 잡았지만, 조지프는 무심한 표정이었다.

내가 기억하는 모습과는 완전히 다른 사람이 나타나리란 사실을 알고 있었지만, 그래도 내 앞에 나타난 아버지는 거의 70세가 가까웠다. 다부지고 충분히 건강해 보였지만, 내가 기억하는 아버지보다는 훨씬 작았다. 하지만 여전히 북극해 바다처럼 파랗고 상대를 꿰뚫어보는 듯한 눈을 갖고 있었다. 아버지는 눈에 띄게 안절부절못하는 모습을 보였는데, 늘 자신감이 넘치던 모습을 기억하고 있던 나로서는 기묘하게도 그 모습이 친근하게 느껴졌다. 우리는 부산하게 인사를 나누었고, 나는 조지프를 소개하고 함께 대화를 나누게 되어 무척 기뻤다.

아버지는 내게 정원을 보여주었고, 그 모든 나무를 직접 심고 얼마 전에 말뚝 울타리를 순전히 혼자 힘으로 세운 이야기를 자랑스럽게 했다. 돈을 아끼기 위해 구멍들을 파고 거기다 콘크리트를 붓고 재료를 판매상에게서 구입해 직접 울타리를 만든 과정을 자세히 설명했다. 놀랍게도 나는 아버지가 자신이 자수성가한 사람이라는 사실을 내게 보여주려고 애쓴다는 사실을 알아챘고, 내가 아버지를 어떻게 생각하는지 몰라 불안해한다는 사실도 이해할 수 있었다. 그 상황은 다소 혼란스러웠는데, 나는 늘 아버지는 내가 아버지를 어떻게 생각하든지 전혀 개의치 않는다고 여겼기 때문이다. 실제로 아버지는 나를 두려워하는 것처럼 보였는데, 이런 모습은 내가 알던 것과 아귀가 맞지 않았다. 집을 구경시켜줄 때에도 나는 동일한 인상을 받았다. 집은 티끌 하나 없이 깨끗했다. 누나와 내가 함께 찍힌 사진이 있었는데, 풀장 옆에서 플라스틱 의자 위에 함께 앉아 있었다. 아마도 십대 초반 시절일 것이다. 아버지가 그 사진을 어떻게 얻었는지는 알 수 없었지만, 더 기묘한 것은 그것을 벽에 걸어 놓았다는 사실이었다. 아버지가 내가 알던 사람과 전혀 딴판이라는 사실을 알자, 나의 자북극이 휘청하면서 이동하는 듯한 느낌이 들었다.

정중하게 오가는 대화는 곧 고갈되었고, 그래서 우리는 집 아래쪽의 해변으로 내려갔다. 걸으면서 나는 내가 어떻게 사는지 이야기하려고 애썼고 아버지도 그랬다. 아버지 이야기는 포기와 전쟁과 모험 이야기였다. 우리를 떠난 뒤 아버지는 배를 타고 아메리카로 건너갔고, 케이프타운에 살던 양어머니가 죽을 때까지 그곳에서 살았다. 다시 고국으로 돌아온 아버지는 몇 년 동안 볼랜드 지역에서 농사를 지으며 살다가 지금은 은퇴해 사이먼스타운에서 산다고 했다. 나는 아내와 교육, 경력과 함께 한 아이의 아버지로 살아온 세월을 이야기했다. 아버지는 주의 깊게 들었고, 시간이 지나자 그 안도감이 나에게까지 밀려오기 시작했다. 나는 아버지를 다시 찾았고, 그것은 잃어버린 내 몸의 일부가 마술처럼 도로 자라난 것처럼 느껴졌다.

내가 가졌던 많은 두려움에도 불구하고, 조지프는 건강하고 아름다운 아이로 성장했다. 몸매도 좋고, 활기가 넘치는 눈과 고운 피부, 곱슬곱슬한 금발을 가진 아이였다. 조지프는 내 아버지와 금방 친밀해졌고, 집으로 돌아올 때에는 자연스럽게 서로 손을 잡았다. 집에 도착했을 때, 차고에서 놀라운 목제 카약을 보았다. 나는 그토록 아름다운 카약을 본 적이 없었고, 그 선과 제작 기술에 감탄했다. 아버지에게 그 카약을 어디서 구했느냐고 묻자, 별것 아니라는 듯

배를 만드는 작업을 하면서 긴 하루가 끝났을 때,
아버지는 나의 '손재주'에 감탄했다고 말했다.
나는 그 말에 너무 기뻐서 딴 곳을 쳐다보았다.
나중에 나는 그것이 아버지에게서 들은 첫 번째
칭찬이라는 사실을 깨닫고는 달콤씁쓸한
기분이 들었다.

이 직접 만들었다고 대답했다. 마치 그 정도는 아무라도 할 수 있는 일이라는 듯이 들렸다. 나는 아버지가 자랑스러웠고, 내 손으로 무엇을 만들어본 적이 한 번도 없다고 말했다. 아버지는 카약을 한번 만들어보라고 권했고, 나는 그러겠다고 대답했다. 관계를 쌓아가기에 아주 좋은 계획이 될 것이라고 믿으면서.

그다음 몇 주일 동안 목재 및 건축 자재 전문점에서 필요한 재료를 구입했다. 그것들은 아주 단순했고, 나는 톱과 스테이플 건, 아교, 적삼목 목재 수백 개를 가지고 카약을 만들기 시작했다. 아버지는 일부 도구를 빌려주고, 틀을 준비하는 과정을 돕고, 목재들을 다듬고 맞추고 결합하는 방법을 가르쳐주었다. 그것은 아주 만족스러운 과정이었고, 나는 처음부터 즐겁게 일을 했다.

나는 내 차고에서 아버지와 함께 일하는 것이 마치 평생 동안 그렇게 해온 것처럼 너무나도 자연스럽게 느껴진다는 사실에 놀랐다. 그것은 우리가 본능적으로 스텝을 아는 춤과 같았다. 조지프도

도우려고 애썼는데, 톱밥을 뒤집어쓰며 선체를 사포로 가는 조지프를 지켜보는 것은 아주 감미로운 경험이었다. 배를 만드는 작업을 하면서 긴 하루가 끝났을 때, 아버지는 나의 '손재주'에 감탄했다고 말했다. 나는 그 말에 너무 기뻐서 딴 곳을 쳐다보았다. 나중에 나는 그것이 아버지에게서 들은 첫 번째 칭찬이라는 사실을 깨닫고는 달콤씁쓸한 기분이 들었다. 아버지에게서 기본적인 것을 배운 뒤에 나는 혼자서 작업을 해나갔고, 선체가 서서히 제 모양을 갖추기 시작했다.

나는 일주일에 몇 차례 아버지를 찾아갔고, 함께 산을 걷기도 하면서 잃어버린 세월을 따라잡으려고 노력했다. 하지만 나는 우리가 가족으로 함께 지내던 시절 이야기를 꺼내지 않으려고 조심했고, 그래서 우리는 아버지가 노던케이프주에서 지낸 시절, 로디지아(짐바브웨의 전 이름—옮긴이)에서 군인으로 보낸 시절, 항해를 하고 아메리카에서 살아간 시절에 대한 이야기를 나눴다.

아버지는 이 대화에서 아주 솔직했고, 흥미로운 모험 이야기를 들려주었다. 아버지는 아기 때 어머니로부터 버림을 받아 트란스발주(남아프리카 공화국 동북부에 있던 주. 지금은 두 개의 주로 갈라져 이름이 바뀌었음—옮긴이) 농장에서 차갑고 거리감이 느껴지는 수양 가족과 함께 살았다고 말했다. 그들은 물질적인 것은 제공했지만, 자신이 갈망했던 사랑은 절대로 주지 않았다고 한다. 아버지는 형제들과 누이들이 그런 따뜻한 관심을 받는 것을 보았고 질투의 고통을 느꼈다. 그래서 아주 어린 시절부터 자연으로 탈출해 말을 타는 법을 배웠다고 한다. 덤불에서 뱀을 잡아 커다란 검은색 비닐봉지에 담기도 했다. 한번은 독사가 비닐을 뚫고 등을 무는 바람에 심하게 앓

왔고 하마터면 죽을 뻔했다고 한다.

나는 그날 요트에서 일어난 일과 아버지가 우리에게 작별 인사도 하지 않고 떠난 일을 조만간 이야기해야 한다는 사실을 알았다. 나는 이 이야기를 꺼내기가 두려웠는데, 모든 것이 너무나도 쉽게 허물어질 수 있다는 사실을 알았기 때문이다. 어느 날 오후 늦은 시간에 아버지 집을 떠나려고 할 때, 마침내 나는 용기를 내 그 이야기를 꺼냈다. 차 옆에 서서 나는 그저 아버지가 우릴 떠난 게 너무나도 큰 상처였으며, 최근에 와서야 그 상처가 얼마나 컸는지 정말로 알게 되었다고 말했다. 나는 아버지를 잃은 고통을 평생 동안 어떻게 견뎠는지 몰랐으며, 그 모든 일에도 불구하고 아버지를 사랑한다는 사실을 발견했다고 말했다. 나는 전혀 비난하지 않으면서 이 이야기를 아버지 앞에 꺼내려고 매우 조심했지만, 그래도 이 이야기를 하는 동안 아버지는 육체적으로 무너지기 시작했다. 어깨가 경직되더니 양 팔을 접고 고개를 떨군 채 땅을 응시했다. 아무 소리도 내지 않았지만, 나는 아버지가 운다고 생각했다. 다만, 아버지의 눈을 쳐다보지 못해 확실한 것은 알 수 없었다. 아무 말도 하지 못한다는 사실을 확인한 뒤, 나는 작별 인사를 중얼거리고 떠났다.

이렇게 솔직하게 속내를 털어놓은 순간은 내게 하나의 전환점이 되었다. 비록 말로 표현하진 못했지만, 아버지가 거친 고통의 바다에서 강하게 맞서 싸웠다는 사실은 분명했다. 나는 아버지가 아주 어린 시절에 버림을 받은 것이 평생 동안 이해할 수 없는 큰 상처가 되었다는 것을 분명히 알 수 있었고, 왜 아버지 자리를 계속 지킬 수 없었는지 처음으로 이해했다. 가족에게 버림을 받는다는 것은 너무나도 끔찍한 것이어서 아버지는 자신이 떠날 수밖에 없었

크레이그는 자신이 '숲의 마음'이라고 부르는 곳으로 더 깊이 들어가려고 시도했는데, 그러려면 어떤 방법이 필요하다는 사실을 알았다. 칼라하리 사막에서 배운 기술로 테니스장만 한 크기의 지역부터 시작해 자신이 좋아하는 잠수 장소들의 마인드맵을 만들기 시작했다.

다. 아버지는 이 사실을 말할 필요가 없었고(어쨌든 나는 그것을 이해했다), 나는 정말로 미안한 마음이 들었다. 나는 우리 둘 다 버림을 받을지 모른다는 두려움 속에서 살았다는 사실을 깨달았다. 만약 우리가 이 무인 지대를 건너 서로를 신뢰하는 법을 배울 수 있다면, 우리 자신을 치유할 수 있을 것이다. 아직 희망이 남아 있었다.

아버지에게 마음을 연 것은 내가 시포리스트에 마음을 여는 데 도움이 된 것 같았고, 나는 더 자주 크레이그와 함께 잠수에 나섰다. 크레이그는 자신이 '숲의 마음'이라고 부르는 곳으로 더 깊이 들어가려고 시도했는데, 그러려면 어떤 방법이 필요하다는 사실을 알았다. 칼라하리 사막에서 배운 기술로 테니스장만 한 크기의 지역부터 시작해 자신이 좋아하는 잠수 장소들의 마인드맵을 만들기 시작했다. 오랜 세월에 걸쳐 크레이그는 해저와 해저 구조를 일일이 기억했다. 이런 방식으로 모든 동물과 식물이 어디에서 살길 선호하는지 터득했고, '글리치glitch(돌발적인 작은 오류)'가 있는 장소가 어디인지도 파악했다. 이러한 글리치는 차원들 사이의 문을 여는 열쇠로 드러났다.

크레이그가 알아챈 첫 번째 글리치는 테니스공만 한 둥근 주황색 해면의 형태에 있었다. 크레이그는 몇 주일 동안 그것을 지나치며 헤엄치다가 마침내 그것이 움직였다는 사실을 알아챘다. 그 움직임은 극적이진 않았지만, 해면은 분명히 움직였다. 해면은 움직이지 않기 때문에(해면은 바위에 붙어 자라며 활력이 없다) 이것은 의심의 여지가 없는 글리치였다. 불가사의하다고 느낀 크레이그는 자신의 마인드맵에 그 장소를 기록하고 그 해면을 더 많이 관찰하기 시작했다. 이제 뭔가 이상한 일이 일어나고 있다고 확신했다. 숲이 자신을 향해 윙크를 했고, 크레이그는 그 초대를 거부할 수 없었다.

크레이그는 아래로 내려가 둥근 해면을 집었다. 그것을 뒤집었더니 그 안에서 게가 자신을 쳐다보고 있었다. 느리게 움직이는 이 작은 괴물—망토해면게cloaked sponge crab—는 독이 있는 멍게 껍데기를 잘라 그 조각을 자기 몸 위에서 자라게 해 보호용 망토로 두르고 다닌다. 이 망토가 없으면, 취약한 망토해면게는 살아남을 수 없을 것이다. 처음에 나는 바위에 붙어 있는 해면과 망토해면게의 차이를 구별하지 못했지만, 약간의 연습을 거친 뒤에는 눈에 잘 띄지 않는 이 동물을 쉽게 찾을 수 있었다.

야생의 춤에 맞닥뜨릴 때, 이것과 같은 순간은 말로 표현하기가 거의 불가능하다. 로스가 촬영한, 즐겁게 놀고 있는 이 물범들 사진은 그 본질을 잘 포착했다.

○

산족 추적자들과 함께 지낸 시간의 기억에 영감을 얻어 나는 머릿속에 수중 지도를 만들기 시작했다. 이 지도는 서로 다른 수중 미소 서식지들로 이루어져 있다. 서서히 나는 수백 종의 생물이 사는 장소가 어디인지 알게 되었고, 때로는 그 움직임까지 예측할 수 있었다. 나는 흰덩이멍게(암석에 영구적으로 고정된 채 살아간다고 생각했던 동물)가 내 마인드맵에서 다른 장소로 움직이는 것을 알아챘다. 자세히 살펴보았더니, 게가 바위에 붙어 있던 흰덩이멍게를 잘라내 독이 있는 그 껍데기를 살아 있는 보호용 망토처럼 착용하고 있었다. 그것은 망토해면게가 살아가는 천재적인 방법이었다!

○

해면게는 탈피를 할 때, 망토 밖으로 기어나와 낡은 껍데기를 버리고 새로운 멍게 껍데기 속으로 들어가 그 껍데기가 굳어질 때까지 기다려야 한다. 이 사진에서 앞에 있는 것은 버린 껍데기이고, 게는 망토 속에서 밖을 내다보고 있다.

○

마음은 기묘한 속임수를 쓸 수 있는데, 특히 물속에서는 더욱 그렇다. 눈이 보는 것을 뇌가 제대로 처리하기 힘들 때가 많지만, 이 기묘한 이야기에서 우리는 중앙 집중화된 뇌가 없는 동물에게서 도움을 받았는데, 그 동물은 밝은 주황색의 애기불가사리이다. 나는 로스와 피파와 함께 잠수를 하던 도중에 숨을 깊이 들이쉬고 나서 작은 수중 동굴로 들어갔다. 그 바닥에서 아주 기묘한 것을 보았는데, 애기불가사리가 한 팔을 동굴 천장을 향해 쭉 뻗은 자세로 있었다. 나는 이 종이 이렇게 특이한 자세로 있는 것을 본 적이 없었는데, 우리는 그 팔이 가리키는 곳을 올려다보았다. 더욱 기묘한 광경이 눈에 들어왔다. 배를 동굴 천장에 댄 채 물고기가 거꾸로 뒤집힌 자세로 매달려 있었다. 수면 위로 올라갔을 때, 나는 아까 그 광경에 약간 충격을 받아 "당신들도 방금 거꾸로 뒤집힌 물고기를 봤지요?"라고 물었다. 피파와 로스는 내가 미친 게 아님을 확인해주었다. 아마도 나는 이전에 이와 같은 장면을 많이 보았는데도 뇌가 그것을 제대로 처리하지 않은 것이 아닐까?

문제의 물고기는 투톤핑거핀two-tone fingerfin이었는데, 우리는 두 마리가 거꾸로 뒤집힌 자세로 동굴 천장에 자라는 조류 사이에 꼼짝도 않고 숨어 있는 것을 보았다. 동굴을 나가자마자 이 물고기들은 자세를 고쳐잡고 정상적으로 헤엄을 쳤다. 도대체 어떤 일이 있었던 것일까? 나는 남아프리카 공화국 최고의 어류 전문가 몇 사람에게 전화를 걸어 물어보았지만, 답을 아는 사람은 아무도 없는 것 같았다. 6개월 뒤에 피파가 오스트레일리아의 해양생물학자 데이비드 티클러David Tickler에게 우리가 찍은 사진을 보냈다. 티클러는 오스트레일리아에 서식하는 두 종에게서 동일한 행동을 관찰한 논문을 찾아냈다. 마침내 우리는 답을 얻었다. 일부 종의 어린 물고기는 동굴 천장을 포식 동물을 피하고 먹이를 사냥하는 용도로 활용한다. 거꾸로 뒤집힌 자세는 이런 환경에서 주변을 잘 보는 데 도움이 된다.

○

나는 이 동굴을 여러 번 다시 찾아가 거꾸로 뒤집힌 자세로 있는 물고기를 발견했다. 천장에서 자라는 조류는 바닥에서 자라는 조류보다 무성했는데, 조류를 뜯어먹는 성게로부터 안전하기 때문일 것이다. 동굴 천장은 취약한 어린 물고기가 몸을 숨기기에 완벽한 장소이지만, 만약 눈이 조류 사이에 묻혀 주변을 제대로 보지 못한다면 무방비 상태에 놓이게 된다. 그래서 이들은 거꾸로 뒤집힌 자세를 취한다. 동굴 천장에 붙어 있으려면, 부력을 조절해야 할 것이다. 아니면 지느러미로 주변 물체를 꽉 붙잡고 있는 것일까? 그리고 뇌도 거꾸로 된 세계에 적응해야 한다. 우리 뇌는 이제 이런 행동에 적응했고, 얼마 후 우리는 또 다른 종인 레드핑거redfinger도 같은 행동을 한다는 사실을 발견하고 매우 들떴다. 나는 이 현상을 전에 얼마나 많이 목격하고서도 편집해버렸는지 궁금했다. 나는 그 불가사리와 위를 가리킨 그 '손가락'에 늘 고마워할 것이다!

○

어느 해 2월 하순에 아주 기묘한 천연 물체가 해변에 밀려왔다. 나는 그것이 커다란 알 덩어리라는 사실을 알아챘지만, 어떤 종의 알인지는 몰랐다. 내가 자문을 구한 해양생물학자 중에 그 정체를 아는 사람은 아무도 없었다. 그와 함께 나는 많은 성게 사체에 작은 구멍이 많이 뚫려 있다는 사실을 발견했다. 그 이유는 아무도 몰랐다. 이 두 가지 수수께끼는 화학 무기를 사용하는 연쇄 살해범이 등장하는 탐정 소설의 일부가 되었다.

나는 찰스 그리피스 교수에게 문의했는데, 처음에 우리는 구멍을 뚫은 범인이 게가 아닐까 생각했다. 하지만 찰스는 야행성 연체동물을 범인으로 의심했다. 나는 밤중에 잠복에 나섰다가 살해범이 어둠에 몸을 숨긴 채 모래 밑에서 나오는 장면을 목격했다. 범인은 바로 헬멧고둥이었다! 이 큰 고둥은 가시 돋친 성게를 점액으로 뒤덮어 마비시킨다. 그러고 나서 산을 분비해 성게 껍데기를 물렁하게 만든다. 마지막으로 물렁해진 껍데기에 구멍을 뚫고 성게의 몸을 쭉쭉 빨아먹는다. 그 결과로 가장자리가 산에 탄 특유의 동그란 구멍이 남는다. 이것은 점점 확대되는 나의 수중 행동 지도에 추가된 또 하나의 추적 활동이었다.

°

해변에 밀려온 알 덩어리를 발견한 지 거의 1년쯤 지났을 때, 누가 물속에서 기묘한 탑에 큰 고둥들이 붙어 있는 이상한 광경을 보았다고 이야기했다. 그들이 본 것을 내게 보여주었을 때, 나는 그것이 헬멧고둥들이 함께 알을 낳는 장면이라는 걸 알아채고 경탄했다. 마침내 확인되지 않았던 알 덩어리의 수수께끼가 풀렸다. 하지만 이 이야기에는 마지막 반전이 남아 있었다. 나는 헬멧고둥의 알들을 먹는 성게를 발견했다. 헬멧고둥의 화학 무기에 속수무책이었던 성게가 이런 식으로 반격을 하고 있었다. 먹잇감 동물이 사냥 동물의 알을 먹는 것은 자연에서 아주 보기 드문 일이다!

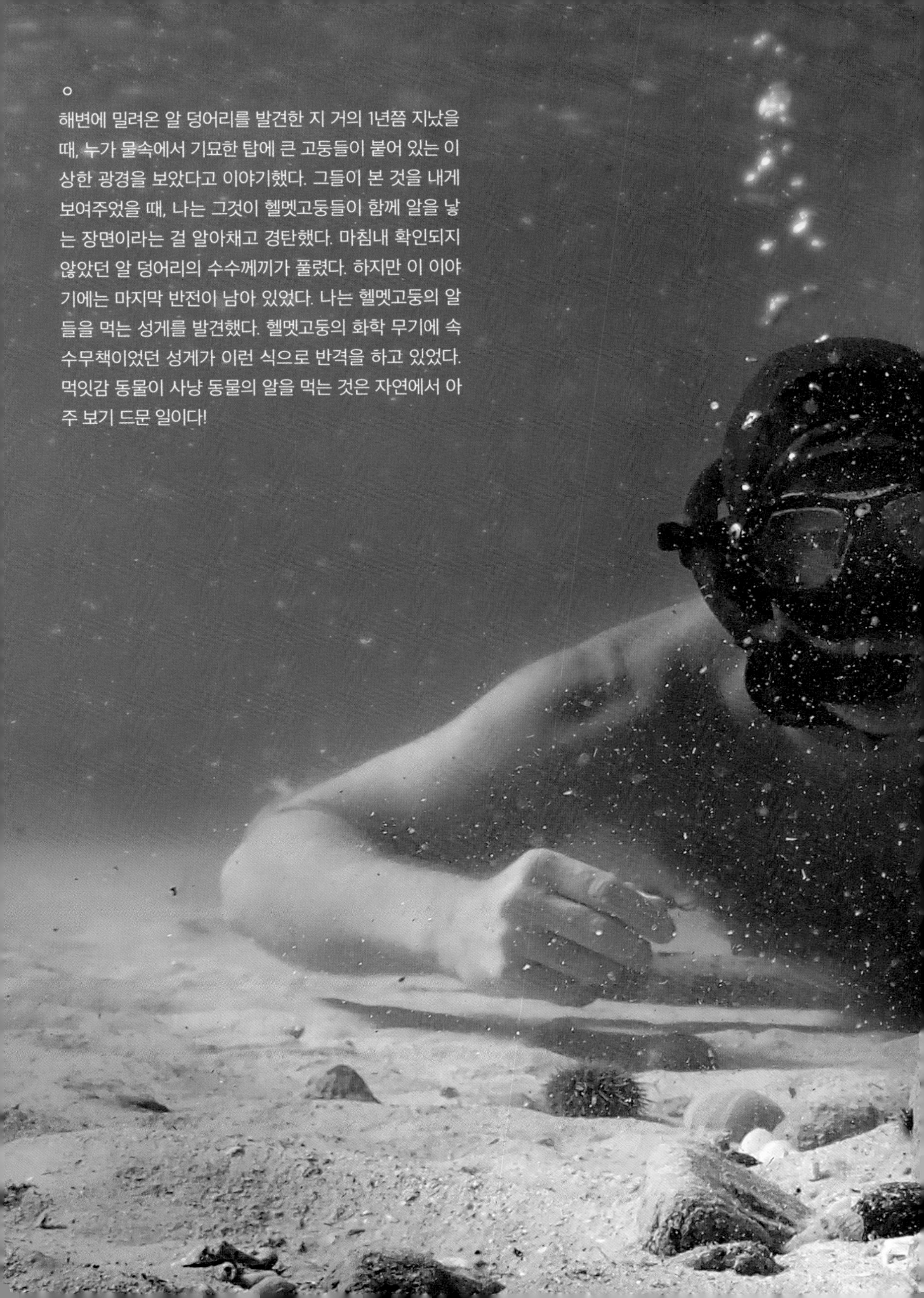

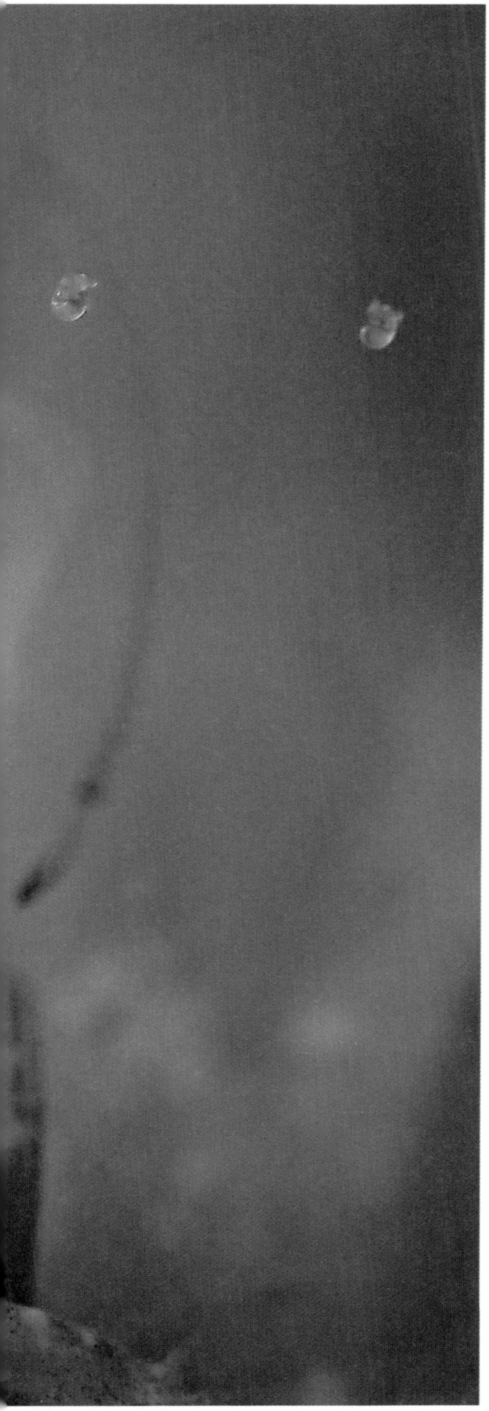

○

일주일 동안 나는 알의 탑이 점점 커져가는 것을 지켜보았다. 그리고 10일 후에 거기서 약 200만 마리나 되는 작은 동물들이 나왔다. 헬멧고둥은 작은 고둥으로 자라기 전에 자유롭게 헤엄치며 돌아다니는 벨리저veliger(복족류와 부족류에서 나타나는 유생의 한 시기. 껍데기가 있고 융털로 헤엄친다.—옮긴이) 단계를 거치는데, 벨리저는 마치 작은 열기구처럼 보인다. 등각류는 이들이 알에서 나오길 기다리고 있다가 옆으로 헤엄쳐 지나갈 때 꿀꺽 집어삼킨다. 현미경 렌즈로 이 모든 것을 지켜본 나는 눈앞에 펼쳐진 광경을 믿을 수가 없었다. 나는 마치 판의 미로(보이지 않는 시포리스트의 마법 세계)로 들어간 듯한 느낌이 들었다.

아버지를 찾고 나서 약 6주일이 흘렀고, 그동안 나는 아버지를 십여 차례 만났다. 카약 선체가 거의 완성되었고, 그 일을 해낸 나 자신이 무척 자랑스러웠다. 아직 유리섬유를 씌우는 작업이 남아 있고, 그다음에는 갑판 위에서 필요한 작업을 한 뒤, 마지막으로 윗부분과 바닥을 결합시키고 나서 조종석을 만들고 키를 추가할 것이다. 아름다운 원양 바닷새의 이름을 따 페트렐Petrel(슴새)이라고 부르는 이 카약은 외해에서 노를 저으며 항해하도록 설계되었는데, 나는 이것을 몰고 켈프 숲과 그 너머의 먼바다를 항해하길 기대했다.

완성하기까지는 아직 몇 달은 더 있어야 했고 할 일도 많이 남아 있었지만, 아버지와의 위험 지점을 무사히 넘겼다는 사실에 안도감을 느꼈다. 우리는 함께 배를 만들 것이고, 그 노력과 성공적인 결말은 영속적인 관계의 기반이 될 것이라고 나는 생각했다. 우리는 많은 만남에서 무사히 살아남았고, 이 점에서는 아버지 역시 나만큼 안도하는 것 같았다. 나는 누나에게도 아버지에게 연락을 해 보라고 권했고, 세월이 아버지를 부드럽게 만들었다고 덧붙였다. 나는 아버지가 딴 사람으로 변했다고 묘사했다. 나는 치유가 가능하다고 약속했고, 누나도 나를 따라 과거를 바로잡으려는 용기를 내길 기대했다.

누나는 처음에는 크게 경계했지만, 결국에는 아버지에게 전화를 걸어 만날 약속을 잡았다. 아버지는 늘 나보다 누나와 더 가까웠기 때문에, 두 사람의 만남은 나와의 만남보다 훨씬 더 감정적이었다. 두 사람은 보자마자 대놓고 크게 울었는데, 마치 그동안 억제된 감정의 댐이 마침내 터진 것처럼 보였다. 나는 두 사람 모두에게서 행복감을 느꼈고, 누나가 자신의 두려움에 맞서도록 도움을 준 나 자신이 대견스러웠다.

그 무렵에 어머니 역시 격변의 시기를 겪었는데, 남편과 헤어져 이사를 해야 했다. 어머니가 사이먼스타운에서 작은 집을 구입하려고 내게 도움을 요청하자, 나는 그 결과를 생각지도 않고 선뜻 수락했다. 이 사실을 이야기했을 때 아버지는 깜짝 놀란 것처럼 보였지만 금방 정상으로 돌아왔기 때문에, 나는 더 이상 깊이 생각하지 않았다. 두 사람의 집은 사이먼스타운에서 서로 정반대편 끝에 있었고, 두 사람은 30년 이상 본 적이 없었다. 어머니는 아버지를 만나는 데 아무 관심도 없었고, 아버지 역시 어머니를 만날 생각이 없었기 때문에, 나는 염려할 일이 전혀 없다고 생각했다. 그래서 아버지가 별다른 이유도 없이 그것도 시도 때도 없이 만남을 취소하

완성하기까지는 아직 몇 달은 더 있어야 했고
할 일도 많이 남아 있었지만, 아버지와의
위험 지점을 무사히 넘겼다는 사실에 안도감을
느꼈다. 우리는 함께 배를 만들 것이고,
그 노력과 성공적인 결말은 영속적인 관계의
기반이 될 것이라고 나는 생각했다.

기 시작하자, 나는 당황하지 않을 수 없었다.

예고 없이 찾아갔을 때, 아버지는 다소 적대적인 반응을 보였다. 나는 함께 산책을 하고 부근 해변에서 헤엄을 치자고 제안했는데, 아버지는 내키지 않은 듯했지만 내 제안에 동의했다. 해변을 걷고 있을 때, 한 아이가 실수로 찬 축구공이 우리 쪽으로 날아왔다. 공은 아버지 어깨에 맞았는데, 세게 맞은 것이 아니었는데도 아버지는 그 아이를 심하게 나무랐다. 나는 아버지가 기분이 좋지 않은가 보다 하고 웃어넘겼지만, 뭔가 개운치 않은 느낌이 남았다.

며칠 뒤, 아버지는 내게 '한 강인한 해병'이라는 제목의 이메일을 보냈다. 그것은 아프가니스탄에서 폭탄 공격으로 양 다리와 한 팔을 잃은 토드Todd 상병 이야기를 다룬 연쇄 메일이었다. 양 다리와 한쪽 팔이 없는 상태로 스카이다이빙을 하고, 앨리게이터와 씨름을 하고, 가시철사 위로 기어가는 이 남자의 사진들이 포함돼 있었다. 마지막 사진은 진흙탕 강에서 상반신을 힘겹게 앞으로 끌고 나아가는 장면이었는데, "너의 핑계는 무효다."라는 캡션이 달려 있었다. 그것은 사람들에게 열심히 노력하라고 자극하기 위한 목적으로 만든 것처럼 보였지만, 나는 "무슨 일이 있더라도 전쟁만큼은 피하라." 또는 "지뢰를 밟지 않도록 조심하라."가 숨은 메시지가 아닐까 하는 느낌이 강하게 들었다. 나는 답장을 보내지 않았지만, 불편한 느낌은 점점 커져갔다. 아버지는 왜 그 메일을 내게 보냈을까?

아버지가 전화와 이메일에 일체 응답을 하지 않자, 나는 뭔가 근본적인 것에 이상이 생겼다는 사실을 깨달았다. 나는 곧 아버지와 다시 연결되길 기대했지만, 연락 두절 상태가 몇 주일로 연장되자 불안감이 점점 커져갔다. 나는 메시지를 많이 남겼고, 결국에는 도대체 무엇이 문제냐고 직접적으로 물었다. 아버지가 마침내 응답을 했는데, 그 짧고 불쾌한 메시지에서 나를 결코 신뢰할 수 없다는 사실을 알게 되었다고 밝혔다. 어머니가 사이먼스타운으로 오도록 내가 도운 것은 아버지를 배신한 행위라면서 내가 배신하리란 사실을 늘 알고 있었다고 했다. 빌려준 도구는 그냥 가져도 좋으니 계속 배를 만들라고 했다. 그리고 나를 다시는 보고 싶지 않다고 했다. 아버지는 누나에게도 다시는 보고 싶지 않다는 문자 메시지를 보냈다. 누나와 나는 예상치 못한 이 거부 반응에 큰 충격을 받았지만, 누나는 "난 그러리라는 걸 늘 알고 있었어."라는 반응을 보인 반면, 나는 모든 것을 되돌릴 방법을 찾으려고 애썼다.

나는 설명과 해결책을 찾으려고 긴 이메일을 보냈지만, 아버지는 응답하지 않았다. 나는 완전히 망가진 상태로 여덟 살 때 알았던 심연 속으로 곤두박질쳤다. 나는 또다시 아버지를 잃었지만, 이번에는 개선할 희망이 전혀 없다는 사실을 알았다. 나는 수치심과 함께 버림받은 느낌이 강하게 들었고, 그렇게 심연 속으로 끝없이 추락했다. 차고에는 미완성 카약이 있었지만, 이제는 더 이상 손을 대고 싶지 않았다. 나는 그것을 갖다버리거나 텅 빈 해변에서 감상적으로 불을 붙이고 싶은 동기를 찾으려고 노력했지만, 그럴 기력조차 없었다.

크레이그는 도움을 아끼지 않았고, 자신과 함께 시포리스트를 최대한 자주 방문하자고 간청했다. 그러면 치유에 도움이 될 것이라고 말하면서 차가운 물에 몸을 노출시키라고 권했다. 또, 내게 보여줄 특별한 것이 있다면서 오래전부터 보여주려고 했지만, 지금이 적절한 때인 것 같다고 했다. 자신의 긴 카약 여행에 동행하라고 권했는데, 나는 전혀 그러고 싶은 생각이 없었지만 그만 동의하고 말았다.

일주일쯤 뒤에 바다가 충분히 잔잔해졌을 때, 우리는 오랜 시간 노를 저은 끝에 높은 절벽 아래에 있는 작은 동굴에 도착했다. 그 동굴은 바다를 통해서만 접근할 수 있었기 때문에, 이전에 그곳을 방문한 사람이 거의 없었을 거라고 확신할 수 있었다. 파도는 높지 않았지만, 해류 때문에 해변에 상륙하기가 쉽지 않았다. 그래도 우리는 무사히 상륙했고, 크레이그의 플라스틱 카약을 미끌미끌한 바위들 위에 올려놓고, 조심스럽게 동굴 입구로 다가갔다. 동굴에 들어서면서 나는 기압 변화를 느꼈고, 축축한 공기는 구아노 냄새와 썩어가는 바닷새 사체 냄새가 섞여 몹시 얼얼했다. 나는 잠깐 동안 가만히 서서 눈이 희미한 빛에 적응할 때까지 기다렸다가 주위를 둘러보았다. 동굴 바닥에는 큰 뼈들이 널려 있었다.

사람 두개골이 놓여 있는 걸 보았을 때, 크레이그가 왜 나를 이곳으로 데려왔는지 깨달았다. 나는 태어나서 해골은 그때 처음 보았는데, 그곳에 서서 파도가 돌에 부딪치며 내는 소리를 들으면서

바다가 충분히 잔잔해졌을 때,
우리는 오랜 시간 노를 저은 끝에
높은 절벽 아래에 있는 작은 동굴에 도착했다.
그 동굴은 바다를 통해서만 접근할 수 있었기
때문에, 이전에 그곳을 방문한 사람이
거의 없었을 거라고 확신할 수 있었다.

나는 이 사람은 누구였으며, 왜 이 춥고 텅 빈 동굴에서 홀로 삶을 마감했는지 궁금했다. 크레이그는 동굴 여기저기에 널려 있는 껍데기와 동물 뼈를 가리키면서 그 사람의 마지막 식사 흔적이라고 설명했다.

나는 그곳이 숨이 막힐 듯이 답답해 신선한 공기를 마시려고 밖으로 나갔다. 곧 크레이그도 뒤따라 나와 차를 만들기 시작했다. 우리는 바위 위에 앉아 멀리 바다를 바라보면서 그 해골에 대해 이야기했다. 크레이그는 몇 달 전에 처음 발견했을 때, 그 사람이 익사한 어부일 거라고 생각했다고 한다. 하지만 이빨을 자세히 살펴보다가 목 뒤의 털이 곤두섰다고 한다. 이빨들은 모든 수렵 채집인과 똑같은 방식으로 편평하게 마모돼 있었다. 충치는 하나도 없었는데, 이것은 당분이 없는 야생 먹이를 섭취하며 살아갔음을 말해주었다. 크레이그는 15만 년 이상 이곳 해안에서 죽 이어가며 살았던 마지막 야생 인류 중 한 사람의 눈구멍을 바라보고 있다는 사실을 깨달았다. 크레이그는 많은 과학자가 우리 종이 실제로 이 해안 지역에서 '태어난' 뒤 아프리카 밖으로 이주해 지구 전체를 정복해나갔고, 약 1500년 전에는 마침내 하와이 제도에까지 이르른 것으로 믿는다고 설명했다.

크레이그에게 이것은 굉장한 발견이었는데, 그는 크게 흥분한 어조로 최초로 헤엄을 치고 잠수를 한 인류가 오래전에 이곳에서 살았다고 믿는다고 했다. 크레이그는 이 동굴에 올 수 있는 방법은 높은 해식애海蝕崖(해식과 풍화 작용으로 해안에 생긴 낭떠러지)를 따라 헤엄을 치는 것밖에 없었다고 강조하면서, 따라서 이 사람은 물속에서 아주 강했을 것이라고 단정했다. 이곳에 온 동기로는 켈프 숲으로 들어가야 할 이유가 있었을 것이라고 했다. 영양분이 많은 식량을 풍부하게 구할 수 있었을 테고, 수영과 잠수를 할 수 있다면 쉽게 채취할 수 있었을 것이다. 전복과 남아프리카소라giant turban snail와 삿갓조개 같은 연체동물은 심지어 얕은 물에서도 아주 흔하게 존재해 쉽게 채취했을 테고, 산호초에는 갯가재와 많은 종의 물고기가 넘쳐났을 것이다. 만약 해안 지역의 자원이 고갈되면, 당연히 초기의 잠수부들은 신선한 식량을 구하기 위해 점점 더 깊은 곳으로 들어갔을 것이다. 포식 동물이 도처에 도사리고 있던 육지와 달리 켈프 숲에는 사람을 위협할 만한 동물이 거의 없었다. 아주 드물게 백상아리가 켈프 숲에 나타나기도 했겠지만, 백상아리는 주로 아래쪽에서 공격하기가 용이한 깊은 물에서 사냥한다고 알려져 있다. 게다가 사람은 백상아리가 선호하는 먹이가 아니다. 이 주장은 이치에 닿아 보였는데, 나 자신도 어린 시절에 가족을 위해 해산물을 쉽게 채취할 수 있었던 사실이 기억났기 때문이다.

○

나는 어린 시절부터 알고 있던 황량한 해변을 따라 카약을 타고 가다가 본문에서 로스가 언급한 해식 동굴을 발견했다. 동굴에 들어서자 조개껍데기 무더기 사이에 사람 뼈가 널려 있었다. 처음에는 익사한 어부의 유골이라고 생각했다. 하지만 이빨을 자세히 살펴보다가 목 뒤의 털이 곤두섰다. 이빨들은 수렵 채집인의 이빨과 똑같은 방식으로 편평하게 마모돼 있었고, 충치가 하나도 없었는데, 이것은 당분이 없는 야생 먹이를 섭취하며 살아갔음을 말해주었다. 나는 약 30만 년 동안 이곳 해안에서 죽 이어가며 살았던 마지막 야생 인류 중 한 사람의 눈구멍을 바라보고 있었다.

나는 크레이그에게 초기 인류가 물안경 없이 수중에서 어떻게 앞을 볼 수 있었느냐고 물었다. 크레이그는 우리는 사실 아주 좋은 수중 시력을 발달시킬 능력이 있다고 말했다. 실험 삼아 마스크와 물갈퀴 없이 잠수를 시도한 적이 있었는데, 충분히 잘 보고 느낄 수 있어서 단 한 차례의 잠수로 가족을 먹이기에 충분한 식량을 쉽게 채취할 수 있었다고 한다. 크레이그는 또한 켈프 숲이 바다에서 헤엄과 잠수를 배우기에 최적의 장소 중 하나라고 믿었는데, 켈프는 부력이 아주 커 그것을 잡고 쉽게 해저 바닥으로 내려갈 수 있기 때문이라고 했다. 한 켈프 '뗏목'에서 다른 뗏목으로 옮겨감으로써 수면 위에서 이동하기도 용이하다. 게다가 빽빽한 켈프가 파도의 힘을 분산시켜주는 이곳 바다는 대체로 아주 잔잔해 헤엄을 즐기기에 아주 좋은 장소이다.

크레이그는 지난 몇 달을 이 이론을 발전시키며 보냈고, 크리스 헨실우드에게 이 이론을 길게 설명했다고 한다. 크리스와 그의 팀은 블롬보스 동굴에서 다게라드dageraad(남아프리카에 서식하는 도미과 물고기—옮긴이) 뼈를 발견했는데, 이 물고기는 수심이 깊은 곳(20미터 이하)에서 살고 추울 때 해변으로 밀려오는 일이 없기 때문에 아주 흥미로운 발견이었다. 이것은 초기 현생 인류가 깊은 산호초에서 물고기를 잡았음을 시사했다. 또한, 그 당시 케이프반도 남해안에는 강이 많았는데, 유랑 생활을 하던 초기 인류가 그 강들을 건넜을 가능성이 매우 높다고 믿었다.

나는 크레이그의 이론에 흥미를 느꼈지만, 초기 인류의 생활 방식에 대한 그의 열정에 더 큰 흥미를 느꼈다. 크레이그는 자신도 야생에서 살아갔더라면 얼마나 좋았을까 하고 열정적으로 설명했는데, 그런 삶은 내게는 미친 짓처럼 보였다. 나는 작은 암석 동굴에서 나머지 세상과 단절된 채 홀로 죽어간 이 조상이 불쌍해 보였다. 그렇게 세상을 떠나는 것은 너무나도 불행하게 느껴졌고, 야생 생활에 대한 크레이그의 낭만적인 열정에 동조할 수 없었다. 왜 크레이그가 편안한 우리의 생활과는 너무나도 동떨어진 그토록 열악한 조건에서 살길 원하는지 이해가 가지 않았다.

이 해골은 내게는 궁극적인 죽음의 상징으로 비쳤고, 나는 지금 우리 때문에 지구가 겪고 있는 거대한 죽음이 떠올랐다. '여섯 번째 대멸종'(모든 대멸종 중에서 유일하게 인간 때문에 일어나는 대멸종) 시기에 우리가 마지막 야생 인류 중 한 사람의 유해와 함께 그곳에 앉아 있다는 사실이 아이러니처럼 느껴졌다. 수천 년 동안의 가축화와 작물화 끝에 우리는 춥고 외로운 이 해식 동굴로 돌아왔지만, 나는 병들고 어리석은 바보가 된 듯한 느낌이 들었다. 우리 종은 식인종처럼 아버지가 자식을 잡아먹으면서 스스로를 공격했다. 이제 나는 크레이그가 이야기한 '대망각'이 무엇인지 이해가 되었다.

절벽 뒤로 해가 지는 가운데 강한 맞바람이 점점 거세졌다. 우리는 짐을 챙겨 카약에 탄 뒤, 불길한 바다를 건너 집으로 향했다. 나는 버려진 동굴을 마지막으로 돌아보았는데, 그때 어둠 속에서 윌리엄 셰익스피어William Shakespeare의 《템페스트*Tempest*》에 나오는 구절이 생각났다.

Full fathom five thy father lies;
Of his bones are coral made;
Those are pearls that were his eyes;

Nothing of him that doth fade,
But doth suffer a sea-change
Into something rich and strange…
(네 아버지는 다섯 길 아래에 누워 있지.
그의 뼈는 산호가 되었고,
그의 두 눈은 진주가 되었지.
아버지는 그 어떤 것도 사라지지 않아,
다만 상전벽해 같은 변화를 통해
풍요롭고 기묘한 것으로 변할 뿐이지.)

나는 앞으로 해야 할 긴 노질을 위해 마음을 다잡았지만, 집을 향해 노를 한 번 저을 때마다 마음이 점점 더 무거워졌다.

10만 년 전의 것으로 추정되는 전복과 소라 껍데기가 남아프리카 해안 동굴들에서 수많이 발견되었다. 그 크기로 보아 이것들은 잠수를 통해 채취한 것으로 보이는데, 이처럼 큰 동물은 일반적으로 2미터 아래의 깊은 곳에서 살기 때문이다. 수심이 깊은 곳에서 살아 사체가 해변에 밀려오지 않는 물고기 뼈가 이 동굴들에서 발견되었다는 사실도 이 이론에 힘을 실어준다. 사실, 초기 인류는 작살로 물고기를 잡았을 가능성이 높다. 17세기에 더 북쪽 지역에서 수렵 채집인 집단을 목격한 이야기에 따르면, 이들은 큰 가오리와 돌고래를 작살로 잡을 만큼 헤엄을 아주 잘 쳤고, 새알을 채취하러 근처의 섬들까지 헤엄쳐 갔다고 한다. 인류가 최초로 잠수를 한 시점이 정확히 언제인지는 우리가 결코 알아내지 못하겠지만, 나는 약 10만 년 전에 시작되었다고 보는데, 고고학적 증거는 이 시기에 혁신과 호기심이 폭발적으로 증가했음을 보여준다. 그 당시에는 식량이 풍부했고, 헤엄과 잠수 같은 새 기술을 배울 시간이 있었다.

썰물 때의 켈프 숲 환경은 인류가 물을 건너고 헤엄치고 마침내 잠수하는 법을 배운 장소일지 모른다. 켈프는 물 위에 뜨기 때문에, 사람들이 안전하게 더 깊은 물속으로 들어가 좋아하는 식량을 수확할 수 있는 부력 플랫폼을 제공한다. 숲에서 임관으로 올라갈 때 덩굴을 붙잡고 올라간 것처럼, 초기의 조상들은 켈프 줄기를 붙잡고 해저 바닥으로 내려갔을지 모른다. 그리고 거기서 많은 종의 해산물을 손쉽게 채취했을 것이다.

○

나는 가끔 이 믿기 어려운 장소를 조상의 눈으로 상상하면서 경외감과 동시에 공포감을 느낀다. 맨 먼저 눈에 들어오는 것은 얕은 물에서 돌아다니는 거대한 물고기(그것도 수천 마리나)인데, 때로는 조수 웅덩이에 갇힌 청새치도 볼 수 있다. 그다음에는 작은 물고기들이 떼 지어 다닌다. 포식자들이 이들을 아주 많이 그리고 빽빽하게 후미로 몰아넣어 사람이 물고기들을 밟고 물 위로 걸어갈 수도 있다.

그때, 저 멀리 지평선에서 먼지 구름이 일어나고 땅이 흔들리기 시작한다. 거대한 동물 무리(5000만 마리 이상의 스프링복)가 해안에 도착했고, 큰 고양잇과 동물들이 그 뒤를 쫓아온다. 약 25만 마리의 영양이 뒤에서 밀려오는 거대한 동물 무리에 떠밀려 바다로 들어간다. 상어들이 공포에 질린 영양들을 잡아먹으면서 바다는 먹고 먹히는 광란의 살육 장소로 변한다. 안전한 거리에서 일단의 사냥꾼들이 이 모습을 지켜본다.

새 떼도 그 수가 엄청나게 많아 태양을 가릴 정도이며, 어디를 바라보나 동물들이 넘쳐난다. 특히 바다에서는 그 규모가 가히 압도적이다. 고래 소함대, 돛새치 무리, 참다랑어 함대, 상어와 가오리 대대 등이 문자 그대로 생명이 흘러넘치는 대양의 일부를 차지한다.

내가 이 환상적인 이야기를 지어낸 것이라고 생각하는 사람이 있을지 모르겠지만, 이 이야기는 불과 수백 년 전의 목격담을 바탕으로 한 것이다. 지금은 주변을 돌아보면 정반대 시나리오가 눈에 들어오는데, 특히 육지에서 그렇다. 거대한 사람 개체군이 존재하는 반면, 동물 개체군은 크게 쪼그라들었으며, 그마저도 점점 줄어들고 있다. 바다 생물 역시 그 수가 크게 줄어들었지만 여전히 인상적인데, 적어도 제한적인 지역에서는 그렇다.

우리는 가장 중요하고도 단순한 진실을 잃었다. 우리가 숨 쉬는 공기와 섭취하는 식량은 모두 대지와 바다가 공급한다. 하지만 우리는 자신이 독립적으로 살아가는 아이라고 생각하고서 그들을 버렸다. 우리는 모든 생명의 기반이 자연계라는 사실을 깨닫는 대신에 경제와 정치 문제에만 집중한다.

내가 이 해안에서 살았던 초기 인류 가족들의 삶을 재현하는 데 필요한 도구와 보석, 무기, 옷을 조사하고 만드는 데에는 1년이 걸렸다. 캐나다 인류학자 나이오비 톰프슨Niobe Thompson과 긴밀히 협력해 일하면서 나는 남아프리카 공화국 배우들과 잠수부들 팀과 함께 중석기 시대에 남아프리카 해안에서 살아간 사람들의 삶을 보여주는 일련의 장면들

(281~283, 285쪽 사진들은 그 결과물이다)을 몇 주일에 걸쳐 촬영했다. 배우들은 이 경험에 큰 감명을 받았고, 그것은 나이오비와 나도 마찬가지였다. 우리 모두는 우리에게 공통의 피를 갖게 해준 고대 조상과 인류의 집단 정신을 느꼈다.

나는 우리 조상이 이 장소를 어떻게 보았는지 이해하느라 많은 해를 보냈는데, 훨씬 더 큰 그림을 천천히 이해하기 시작했고, 결국 그것을 '숲의 마음'이라 부르게 되었다. 바다 숲에 사는 모든 동물은 각자 별개의 삶을 살면서 생존하는 것처럼 보인다. 이들은 잡아먹히는 것을 피하고 먹이를 찾기 위해 각자 나름의 천재성을 발휘해 신비한 자세와 패턴을 만들어 낸다. 이들의 삶은 나의 가장 극단적인 꿈보다 더 거칠고, 가장 강렬한 SF 영화보다 정교하고 복잡하다. 수많은 세대가 함께 살고 자라고 죽어가면서 서로 긴밀하게 얽힌 하나의 거대한 지능을 형성하는데, 이것을 거대한 생태계 마음이라고 부를 수 있다.

5부

변화의 순간

몇 달이 흘렀는데 우울증은 점점 더 심해졌다. 서핑이나 잠수는 거의 하지 않았고, 읽거나 일을 할 때에는 집중하는 데 애를 먹었다. 그리고 조지프와 함께 있는 것이 계속 피곤했는데, 이전보다 그 정도가 심해졌다. 조지프는 많은 것이 필요한 여섯 살 아이였지만, 나는 내가 슬퍼할 공간이 필요해 조지프를 감정적으로 밀어냈다. 물론 더 멀리 밀어낼수록 조지프가 느끼는 결핍감은 더 커졌다. 그것은 악순환이었고, 내가 아들을 버리고 있다는 사실에서 아이러니를 느꼈다. 그럼에도 불구하고, 그 패턴은 자기 나름의 강력한 의지가 있었고, 나는 그것이 나에게 영향을 미치는 방식을 혐오했다.

내가 유일하게 있고 싶었던 장소는 테이블산 아래 소나무 숲 언덕이었다. 일과 가족의 의무 사이에서 틈이 날 때마다 나는 먼지

가끔 다람쥐가 가까운 곳에 앉아 새카만 아몬드 같은 눈으로 나를 유심히 지켜보았다. 아무것도 요구하지 않고 그렇게 곁에 있는 다람쥐가 참으로 좋았다. 자신의 삶에 만족한 것처럼 보이는 그 작은 동물은 큰 위안을 주었다.

투성이 길을 걸어 올라가 부산한 도시 위 높은 곳에 위치한 그 조용한 장소에 자리를 잡고 앉았다. 어른거리는 빛과 송진 냄새가 무척 큰 위안이 되었고, 그곳에서 꼼짝도 않고 한없이 머물 수 있을 것 같았다. 비가 내린 뒤에는 저 아래 나무가 울창한 작은 계곡으로 며칠 동안 강물이 흘러갔는데, 물이 흐르는 소리에 오랫동안 귀를 기울이면 나 자신을 완전히 잊을 수 있었다. 그럴 때면 온 세상이 흐르는 강물 소리로 변했다. 이 평화로운 순간은 내게는 소중한 보석과도 같았다.

가끔 다람쥐가 가까운 곳에 앉아 새카만 아몬드 같은 눈으로 나를 유심히 지켜보았다. 아무것도 요구하지 않고 그렇게 곁에 있는 다람쥐가 참으로 좋았다. 자신의 삶에 만족한 것처럼 보이는 그 작은 동물은 큰 위안을 주었다. 나는 내 문제를 다람쥐와 나누었고, 다람쥐는 나를 판단하려 들지 않고 그저 때때로 수염을 씰룩이기만 할 뿐 그곳에 그대로 앉아 있었다. 나는 다람쥐에게 이곳 소나무 숲에서 단순하게 살아가는 네 삶이 무척 부럽다고 말했다. 이곳에서 나무는 태양을 향해 가지를 뻗고, 강물은 바다로 흘러간다. 빛과 중력에 따라 모든 것이 결정되는 아주 단순한 곳이다.

한번은 오후 햇살을 받으며 잠이 들었는데, 눈을 떠보니 다람쥐가 내 오른쪽 어깨에서 겨우 1미터쯤 되는 곳에 앉아 있었다. 잠과 각성 사이의 그 공간에서 우리는 잠깐 동안 서로를 바라보았고, 나는 내가 누구이고 여기가 어딘지 모른 채 시포리스트에서 길을 잃은 듯한 기묘한 느낌이 들었다. 내가 일어나 앉자 다람쥐는 두려움을 느끼고 재빨리 종종걸음치며 나무를 반쯤 올라가더니, 거꾸로 매달려 놀란 표정으로 나를 계속 지켜보았다.

숲으로 산책을 갈 때 처음에는 조지프를 데려가기도 했지만, 조지프는 길에서 벗어나 내가 아주 좋아한 깊은 숲 속으로 들어가길 한사코 거부했다. 조지프는 피곤하거나 지루한 척했지만, 뭔가 다른 이유가 있는 것 같았다. 나는 들어가자고 권하기도 하고, 심지어 어깨 위에 둘러메기도 했지만, 조지프는 완강하게 거부했다. 그 이유를 물으면, 조지프는 눈빛이 흐려졌다. 많은 설득 끝에 결국 조지프는 '뱀'이 무섭다고 고백했다. 나는 실망을 느꼈고, 숲에는 뱀이 전혀 없으며, 그저 네가 어리석고 게으를 뿐이라고 말했다. 그래도 조지프는 계속 거부했고, 그래서 나도 곧 포기하고 서로 말없이 걸었다. 그 후로 나는 조지프를 데려가지 않았다.

크레이그는 계속 연락을 했고, 정기적으로 전화를 걸어 자신이 계속 진행하는 잠수 이야기를 들려주었다. 최근에는 문어에 꽂혔는데, 이 위장의 달인을 추적하는 법을 배우는 데 아주 큰 흥미를 느끼게 되었다고 한다. 크레이그는 문어가 먹잇감 껍데기에 작은 구멍 자국을 남긴 것을 발견하면서 돌파구를 찾았다. 구멍 자국이 있는

크레이그는 자신이 만난 문어에 관한
소식을 알려주길 특히 좋아했는데, 그 문어를
자신의 '선생님'이라고 부르기 시작했다.
크레이그는 매일 그 문어와 함께 잠수를 했고,
마침내 문어의 신뢰를 얻는 데 성공했다.

껍데기(대개 전복)가 흩어져 있다면, 틀림없이 근처에 문어 굴이 있다는 사실을 알게 되었다. 이 기술을 사용해 크레이그는 꼭꼭 숨어 있던 문어 굴을 많이 발견했다. 이렇게 해서 크레이그는 문어의 기묘한 세계로 들어가기 시작했다.

크레이그는 자신이 만난 문어에 관한 소식을 알려주길 특히 좋아했는데, 그 문어를 자신의 '선생님'이라고 부르기 시작했다. 크레이그는 매일 그 문어와 함께 잠수를 했고, 마침내 문어의 신뢰를 얻는 데 성공했다. 심지어 자신이 켈프 숲에서 한 번도 본 적이 없는 것들을 문어가 어떻게 '보여주었는지' 묘사했으며, 더 낮은 '압력 신호'를 만드는 방식(그러면 물속에서 교란을 덜 일으킴으로써 다른 동물을 도망가지 않게 할 수 있다)으로 잠수하는 법도 가르쳐주었다고 말했다. 무슨 말인지 정확히 이해하기 어려웠지만, 나는 그동안 함께 겪은 일들을 통해 무조건 크레이그의 말을 믿기로 했다.

크레이그는 문어 선생님이 사냥에 나설 때 자신도 함께 따라가도록 허락했다고 설명했다. 나는 문어가 물고기 떼를 사냥하는 걸

숨을 만한 동굴이나 바위가 없다면, 문어는 마지막 수단으로 바닥에서 80여 개의 조개껍데기와 돌을 들어올려 그것으로 자신의 몸을 둘러싸 보호 갑옷처럼 만든다.

본 적이 있다. 문어는 기다랗고 끈적끈적한 다리를 흔들면서 그 색을 변화시켰다. 그것은 마치 〈우주 전쟁*War of the Worlds*〉에 나오는 장면 중 바다에서 벌어지는 사건처럼 보였다. 크레이그는 이 이야기에 큰 흥미를 느꼈고, 자신도 그와 비슷한 행동을 봤지만, 그것은 사냥 행동이 아니라 놀이 행동(사육 상태의 문어에게서는 자주 관찰되었지만, 야생에서는 한 번도 관찰된 적이 없는 행동)으로 생각한다고 말했다. 크레이그의 문어 선생님은 자신의 몸 전체로 갯가재를 감쌈으로써 그 빠른 동물을 자신의 강한 그물로 붙잡는 법을 보여주었다.

크레이그는 또한 문어가 가장 치명적인 포식 동물인 파자마상어와 맞닥뜨렸을 때 사용하는 방어 전략도 배웠다. 파자마상어는 시각이 아니라 후각에 의존해 사냥을 하기 때문에, 문어의 위장술은 파자마상어 앞에서는 아무 소용이 없다. 숨을 만한 동굴이나 바위가 없다면, 문어는 마지막 수단으로 바닥에서 80여 개의 조개껍데기와 돌을 들어올려 그것으로 자신의 몸을 둘러싸 보호 갑옷처럼 만든다. 파자마상어는 뛰어난 후각 능력으로 이렇게 갑옷을 두른 문어를 찾아낼 수는 있지만, 이빨로 조개껍데기와 돌을 콱 물더라도 그 단단한 방어벽을 뚫지 못하며, 8개의 다리를 가진 후디니Hudini(탈출 마술로 유명한 미국의 마술사, 스턴트맨, 연기자—옮긴이)는 유유히 도망갈 수 있다. 크레이그는 문어가 이러한 '도구'를 사용하는 것을 보고 완전히 문어에 매혹되었고, 자신이 보고 촬영한 모든 것을 찰스 그리피스와 공유했는데, 찰스도 크레이그만큼이나 크게 흥분했다.

크레이그는 문어 선생님과 아주 많은 시간을 보낸 뒤 시포리스트에 사는 다른 동물들과의 관계도 변한 것 같다는 사실을 알아챘다. 크레이그는 '클럽 입장을 허락받은' 느낌이 들었다고 표현했다. 취약한 동물들은 일반적으로 겁이 아주 많은데, 그런 동물들이 자신에게 다가오기 시작했기 때문이다. 갑오징어와 주름두꺼비고기pleated toadfish를 함께 만난, 믿기 힘든 이야기도 들려주었는데, 두 동물 모두 자신의 손 안에서 가만히 있었고, 심지어 자신을 따라 이 작은 동물들에게 아주 위험한 곳인 수면까지 헤엄치기까지 했다고 한다. 나는 그의 이야기를 건성으로 들으면서도 그의 열정을 공유하려고 애썼다.

○

나도 모르게 내 인생에서 가장 훌륭한 선생님을 만났는데, 그 선생님은 젊은 암컷 참문어*Octopus vulgaris*였다. 나는 몇 주일 동안 매일 그 굴을 찾아갔지만, 문어는 내 얼굴에 모래를 내뿜고 전복 껍데기를 방패로 삼아 자신을 보호했다. 몇 달이 지나자, 문어는 서서히 내가 전혀 위협적인 존재가 아니라는 사실을 알게 되었고 나를 신뢰하기 시작했다. 나는 문어의 내부 야생 세계로 들어가도록 허락받았는데, 마치 오래된 자연의 문이 내게 열린 것 같은 기분이 들었다. 나는 문어 선생님 이야기를 로스와 내 아내 스와티에게 들려주길 좋아했다. 나는 다른 동물과 이런 상호 작용을 할 시간이나 열정을 쏟을 기회가 다시는 없으리란 사실을 알았고, 그래서 이것은 두족류 스승으로부터 배울 수 있는 특별한 시간과 기회의 창이었다.

○

굴 밖에 있는 문어들을 처음 보았을 때, 그 문어들은 위장한 채 아무것도 하지 않고 그냥 가만히 있는 것처럼 보였다. 시포리스트에 포식 동물들이 우글거린다는 사실을 감안할 때, 이것은 이치에 닿지 않는 행동이었다. 몇 년 동안 관찰한 끝에(특히 특별한 한 문어로부터 많은 것을 배운 뒤에) 나는 무슨 일이 일어나는지 알게 되었다. 이 사진의 문어는 전복 위에 앉아 그 껍데기에 구멍을 뚫고 있는데, 이 작업은 길게는 한 시간쯤 걸린다. 그러고 나서 문어는 전복에 독소를 집어넣는다. 독소에 약해진 전복은 꽉 잡고 있던 발의 힘이 풀리는데, 그 틈을 타 문어는 전복을 바위에서 떼어내 안전한 자신의 굴로 데려간다. 문어는 전체 시간 중 약 85%를 자신의 굴에서 지내는데, 탁 트인 모래 위에 앉아 있는 문어는 이매패류나 작은 문어 또는 안장구멍삿갓조개를 사냥하고 있을 가능성이 높다. 켈프 줄기나 바위에 붙어 있는 문어는 아마도 이 미소 서식지에서 살아가는 삿갓조개에 구멍을 뚫고 있을 것이다.

이 사진에서 문어가 사용하는 위장술은 수천 개의 작은 근육질 색소포가 만들어낸다. 근육이 수축하면 더 많은 색소가 눈에 띄게 드러난다. 위장 효과를 높이기 위해, 이 문어는 다른 근육을 사용해 수백 군데에서 피부를 들어올림으로써 피부의 질감을 변화시킨다. 문어는 자연계에서 손꼽히는 미술가인데, 위장의 결과물은 모두 새로운 걸작이다.

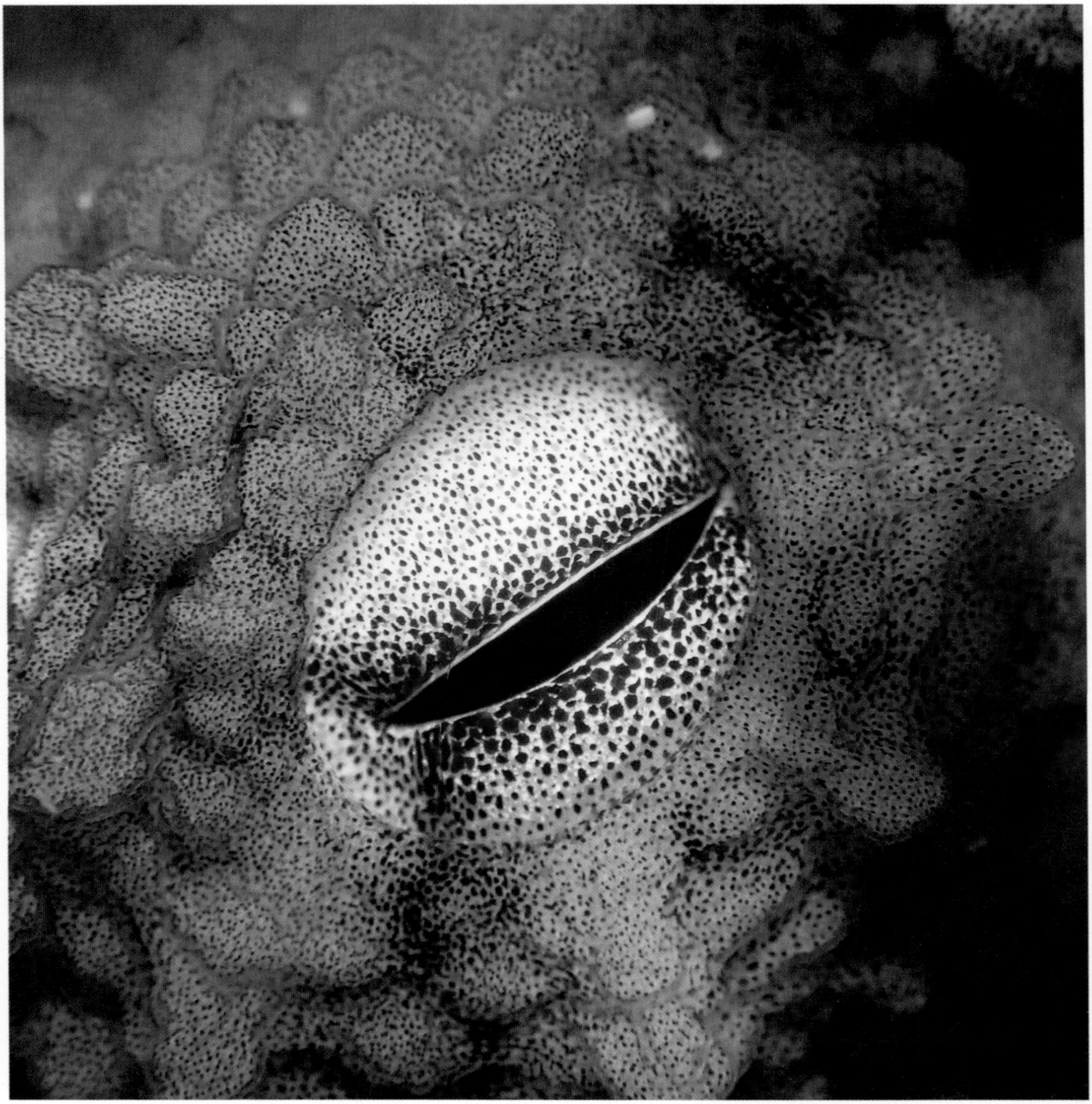

○
큰 물고기처럼 약간 위협적인 포식 동물이 접근하면, 문어는 다리 6개로 이렇게 권투 자세를 취하면서 겉보기 몸 크기를 늘린다. 다리들 사이의 피막도 팽창시킬 수 있어 포식 동물의 눈에 몸을 더 크게 보이게 할 수 있다. 때로는 이러한 허세 외에 놀라운 행동을 보이기도 한다. 문어는 나머지 두 다리를 한 쌍의 다리로 변신시켜 바닥 위로 걸어간다. 이것은 아주 보기 드문 행동이다. 이 사진은 권투 자세를 보여줄 뿐만 아니라, 참문어가 두 발로 걷는 모습을 최초로 촬영한 사진일지도 모른다.

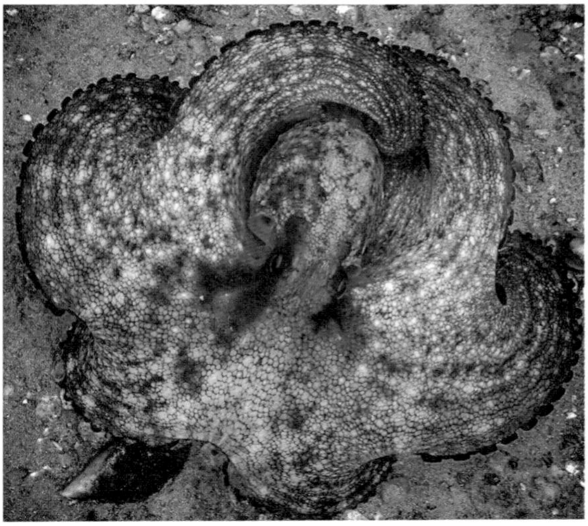

○

왼쪽　문어는 조용한 동물일지 모르지만, 자기 나름의 시각 언어가 있어 몸동작과 피부를 통해 '말'을 한다. 나의 문어 선생님이 호텐토트도미에게 공격을 받는 장면을 본 적이 있다. 그러자 문어는 몸을 일그러뜨려 '현란한' 자세라고 부르는 아주 기묘한 모습으로 변신했다. 문어의 이 몸짓 언어는 호텐토트도미에게 위협적이고 혼란스러운 것이었다. 문어의 언어로 번역하자면, 나의 문어 선생님은 "난 문어가 아니야. 이 이상하게 생긴 물체는 네가 알지 못하는 것이야."라고 말했다. 이 방법은 효과가 있었고, 호텐토트도미는 당혹스러운 표정으로 그곳을 떠났다.

위 왼쪽　권투 자세를 취한 문어를 위에서 촬영한 모습.

위 오른쪽　시포리스트에 사는 문어 중 약 3분의 1은 일부 다리를 잃었는데, 대부분 상어의 공격을 받아 그렇게 되었다. 문어는 놀라운 과정을 통해 잃어버린 다리를 다시 자라나게 할 수 있다. 다리가 잘려나간 곳으로 많은 화학 물질이 줄기세포와 혈액과 함께 투입된다. 새로운 다리가 싹처럼 돋아나 빨판이 달린 작은 다리로 발달한다. 100일쯤 지나면, 완전한 다리가 된다.

○

문어 선생님과 함께 한 잠수 중에서 가장 짜릿했던 경험은 사냥에 나를 데려갔을 때였다. 닭새우는 잡기가 아주 어려운 사냥감 중 하나였다. 문어는 닭새우들을 동굴에서 폭죽처럼 튀어나가게 한 뒤에 바닥 위에서 그 뒤를 추격하는데, 다리를 거대한 초승달처럼 펼쳐 닭새우들을 둘러싸려고 했다. 헤엄을 잘 치는 닭새우는 대개 문어의 서툰 공격을 피해 달아났지만, 며칠이 지나자 문어는 더 나은 기술을 터득한 것처럼 보였다. 곧장 닭새우를 뒤쫓아 돌진하는 대신에 고무 같은 그물을 던지듯이 다리들을 닭새우 위로 던지면서 덮쳤다. 이 천재적인 동물과 함께 사냥에 나서 직접 배우는 것은 경이로운 경험이었다. 나는 문어 선생님이 밤중에 다리들을 전광석화처럼 빠르게 공 모양으로 휘감으면서 물고기를 잡고, 또 붉은바위게를 어떻게 속여서 붙잡는지 지켜보았다. 문어 선생님은 내가 자신을 절대로 해치지 않으리란 걸 믿고서 심지어 내 몸을 먹잇감을 모는 수단으로 이용할 만큼 영리했다. 문어는 학습 기계이기도 하다. 사냥하는 모습을 여러 번 지켜본 뒤에 나는 문어도 나처럼 시포리스트의 마인드맵을 만든다는 사실을 알아챘다. 문어는 발자국을 따라가지 않고도 자신의 굴로 돌아가는 길을 찾았고, 심지어 이전에 사냥한 장소까지 기억했다.

○

나는 시포리스트에서 문어를 추적하는 방법을 많이 개발했다. 한 가지 간단한 방법은 문어가 좋아하는 먹잇감 중에서 최근에 죽은 것(특히 전복)이 있는지 찾는 것이다. 문어는 근육질 부속 기관에 특별한 드릴이 있는데, 이 드릴로 전복 껍데기에 타원에 가까운 작은 구멍을 뚫는다. 구멍을 뚫는 데에는 껍데기의 두께에 따라 한 시간 또는 그 이상이 걸린다. 문어는 구멍을 통해 독소가 든 침을 전복의 기관으로 주입하는데, 그러면 전복은 바위를 꽉 붙들고 있던 힘이 약해져 문어가 전복을 쉽게 떼어낼 수 있다. 문어는 반쯤 마비된 전복을 자신의 굴로 데려가 거기서 먹어치운다. 시포리스트에서 추적을 할 때, 나는 전복 껍데기를 빛이 잘 비치는 곳으로 들어올려 문어가 뚫은 구멍이 있는지 살펴본다. 정말로 그런 구멍이 있으면, 근처에 숨겨진 문어 굴이 있는 경우가 많다.

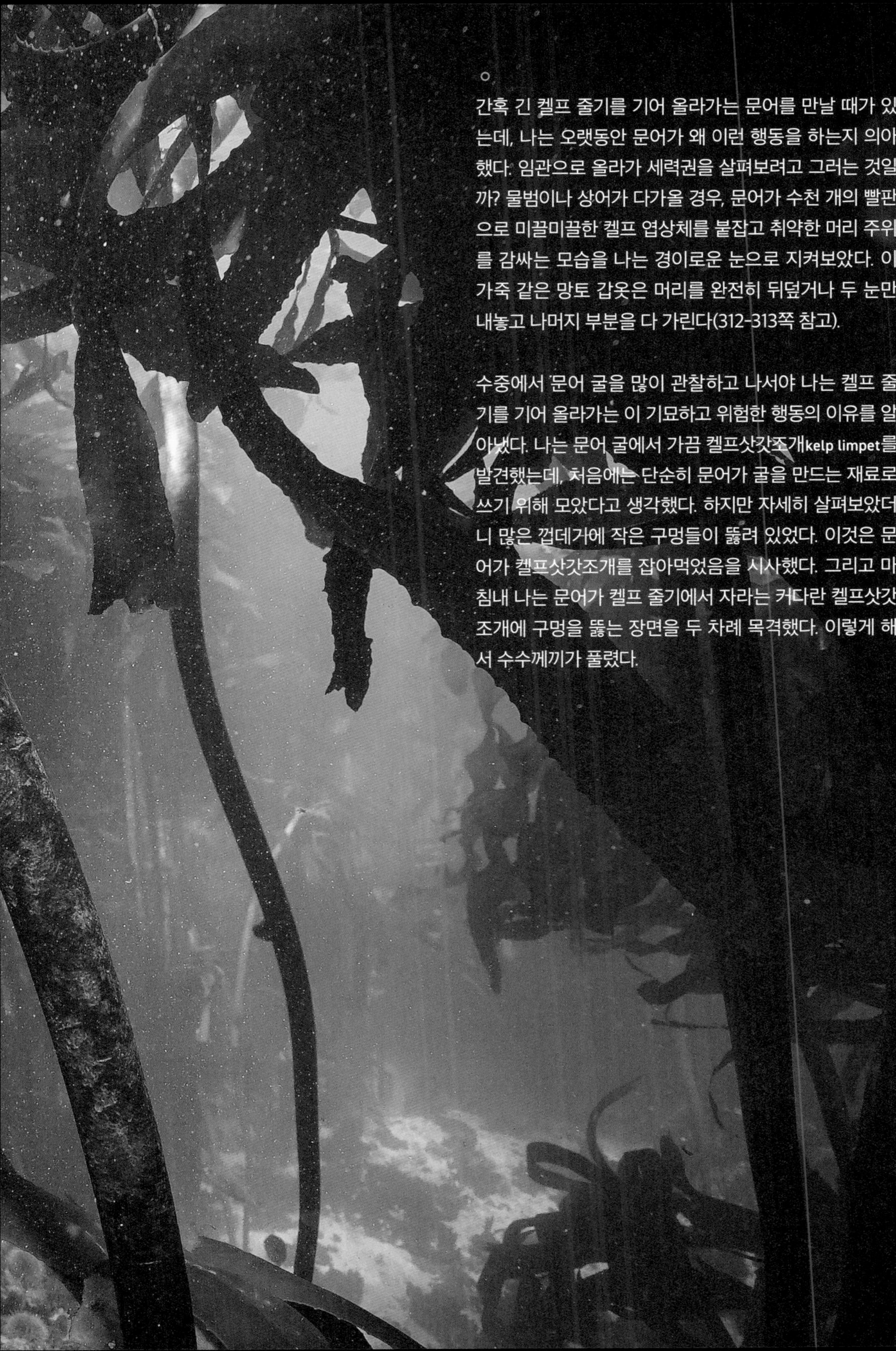

○

간혹 긴 켈프 줄기를 기어 올라가는 문어를 만날 때가 있는데, 나는 오랫동안 문어가 왜 이런 행동을 하는지 의아했다. 임관으로 올라가 세력권을 살펴보려고 그러는 것일까? 물범이나 상어가 다가올 경우, 문어가 수천 개의 빨판으로 미끌미끌한 켈프 엽상체를 붙잡고 취약한 머리 주위를 감싸는 모습을 나는 경이로운 눈으로 지켜보았다. 이 가죽 같은 망토 갑옷은 머리를 완전히 뒤덮거나 두 눈만 내놓고 나머지 부분을 다 가린다(312-313쪽 참고).

수중에서 문어 굴을 많이 관찰하고 나서야 나는 켈프 줄기를 기어 올라가는 이 기묘하고 위험한 행동의 이유를 알아냈다. 나는 문어 굴에서 가끔 켈프삿갓조개kelp limpet를 발견했는데, 처음에는 단순히 문어가 굴을 만드는 재료로 쓰기 위해 모았다고 생각했다. 하지만 자세히 살펴보았더니 많은 껍데기에 작은 구멍들이 뚫려 있었다. 이것은 문어가 켈프삿갓조개를 잡아먹었음을 시사했다. 그리고 마침내 나는 문어가 켈프 줄기에서 자라는 커다란 켈프삿갓조개에 구멍을 뚫는 장면을 두 차례 목격했다. 이렇게 해서 수수께끼가 풀렸다.

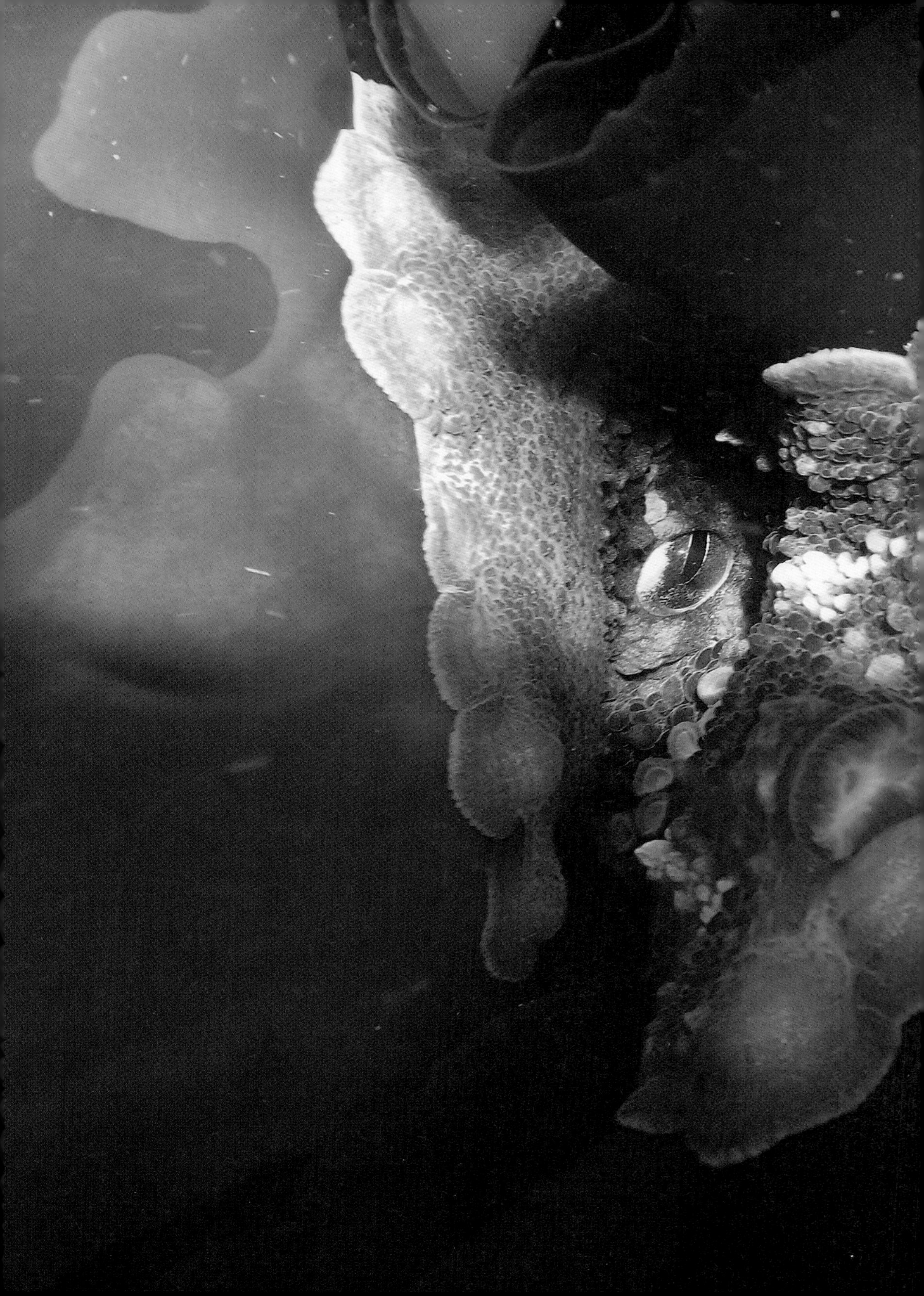

○

켈프 숲에는 문어를 잡아먹는 포식 동물이 많다. 나는 물범이 문어를 공격하는 광경을 자주 본다. 물범은 먹이를 붙잡을 손이 없기 때문에, 육중한 근육질 목을 좌우로 마구 흔들어 먹이를 충분히 작은 조각들로 쪼갠 뒤에 삼킨다. 칠성상어와 협곡상어처럼 일부 큰 상어들도 문어를 잡아먹는다. 하지만 문어에게 몸길이가 3미터나 되는 큰 상어보다 훨씬 위험한 포식 동물은 파자마상어이다. 이 작은 파자마상어는 무리를 지어 사냥을 하는데, 특히 문어 사냥에 아주 뛰어나다. 날씬한 근육질 몸은 문어가 숨어 있는 틈으로 침입하기에 적합하다. 파자마상어는 또한 냄새로 문어를 추적할 수 있고, 심지어 켈프 임관까지 쫓아가 수면 근처에서 공격하기도 한다.

316-317쪽　문어의 천재성을 발달시킨 것은 문어의 포식 동물들이다. 도망과 먹물마저 통하지 않으면, 문어는 최후의 수단으로 내가 '갑옷 만들기'라 이름 붙인 놀라운 기술을 사용한다. 매일 몇 년 동안 잠수를 한 뒤에야 나는 이 행동을 목격했다. 껍데기와 돌을 많게는 100개까지 그러모아 임시 갑옷 껍데기를 만든다. 파자마상어처럼 작은 포식 동물은 이 갑옷을 뚫기가 어렵다. 가끔은 문어가 떨어뜨린 껍데기에 문어 냄새가 남아 있어 파자마상어가 그것을 공격하기도 하는데, 문어는 이 기회를 틈타 달아날 수 있다.

○

내가 켈프 숲에서 보낸 오랜 세월 동안 문어가 파자마상어를 '질식'시키는 장면을 본 것은 딱 두 번밖에 없다. 두 경우 모두 문어는 파자마상어의 아가미구멍을 막아 산소를 얻는 상어의 능력을 크게 떨어뜨렸고, 결국 상어는 문어를 풀어줄 수밖에 없었다. 이 행동이 의도한 것이었는지 아니면 우연히 일어난 것인지는 말하기 어렵다. 내가 문어의 마음을 더 잘 이해하게 되면서 내 마음 중 일부는 문어가 의식적으로 상어를 질식시킬 만큼 충분히 영리한 것이 아닐까 의심한다. 켈프 숲에 사는 전체 문어 중 약 3분의 1은 일부 다리를 잃었는데, 이것은 상어의 공격이 남긴 흔적이 분명하다. 문어는 제각각 아주 다른 개성을 갖고 있고, 주로 쓰는 사냥 기술도 제각각 다르다. 따라서 일부 문어가 상어를 질식시키는 기술을 터득했을 수도 있다.

○

문어 선생님과 많은 시간을 보낸 나는 문어는 시간을 어떻게 경험할까 하고 궁금한 생각이 들기 시작했다. 문어의 시간은 우리의 시간과 다르다. 문어에게 한 달은 내 인생의 5년에 해당한다. 문어 선생님이 켈프 숲을 안내하면서 나를 데리고 돌아다닌 매 순간은 내게 아주 소중했다. 그때 나는 다른 종들은 시간을 서로 다르게 느끼는지 궁금한 생각이 들었다. 어쩌면 이들은 완전히 시간에서 벗어나 사는 것은 아닐까? 나는 문어 선생님의 기억력이 아주 좋다는 사실을 아는데, 과거의 경험을 바탕으로 미래의 사냥 계획을 세운다. 하지만 나는 문어가 주로 현재에서만 산다고 느낀다. 얼마 전에 수중 왕국에 들어갔을 때, 나의 시간 감각에 큰 변화가 일어났음을 느꼈다. 그것은 내가 땅 위에 있을 때와는 너무나도 달랐다. 수중에서 나는 무게를 느끼지 못하고, 내 감각은 수백 배나 더 예민해진다. 가끔은 시포리스트에서 보내는 한 시간이 땅 위에서 보내는 며칠처럼 느껴진다.

문어의 시간과 인간의 시간을 더 깊이 생각하다가 산족 부시먼 샤먼들과 함께 일하고 촬영을 하던 기억이 떠올랐다. 잠깐 동안 그들은 나를 시간도 공간도 존재하지 않는 곳으로 인도했는데, 그저 더없이 행복한 존재가 크게 확장된 것만 존재했으며, 그것은 말로 묘사하기가 거의 불가능한 비선형적 존재였다. 나는 자연의 거대한 마음은 미래 따위는 안중에 없이 매 순간에 초점을 맞추어 현재를 살아간다고 느낀다.

나는 실패한 카약 제작 계획 때문에 계속 심란했고, 카약이 반쯤 완성된 상태로 뚜껑이 열린 관처럼 놓여 있는 차고를 가능하면 피하려고 애썼다. 그것을 바라볼 때마다 아버지와의 관계가 다시 속절없이 무너진 것이 자꾸 떠올랐다. 오해를 풀 방법도 전혀 없이 아버지에게 배척당한 것은 견디기 힘든 좌절과 고통을 안겨주었다. 나는 갑판 위에서 며칠 동안 일을 했지만, 기묘하게도 화학 물질에 알레르기 반응이 일어났다. 이전과 동일한 수지를 사용했지만, 이번에는 눈이 부어오르고 폐가 기능을 멈추었다. 나는 또한 어리석게도 보호 마스크도 쓰지 않고 유리섬유에 사포질을 하다가 미세한 유리 조각들이 눈알에 박혔다. 그 때문에 몇 주일 동안 엄청나게 큰 고통을 겪었고, 내 모습은 알코올에 중독된 너구리처럼 보였다.

만약 내 눈으로 직접 보지 않았더라면,
나는 그 말을 믿으려 하지 않을 것이다.
크레이그는 그 재주는 특별한 것이 아니며,
칼라하리 사막에서 산족에게서 배운 것이라고
했다. 그리고 자신을 뼈가 묻힌 장소로
안내한 것은 일종의 신체 레이더라고 설명했다.

그것이 지나가자 이번에는 악성 독감에 걸렸다. 두 달 동안 초록색 가래가 끓는 걸 견뎌내고, 열흘 동안 입원하고, X선 촬영과 세 차례에 걸친 항생제 치료를 받았지만, 여전히 차도가 없었다. 경로 수정이 절실히 필요하다는 사실을 깨닫고 나는 크레이그와 시포리스트와의 연결을 다시 도모하기로 했다. 우리는 케이프포인트 보호구역에서 함께 시간을 보냈고, 초봄의 어느 고요한 날에 나는 바다 가장자리에 서 있었다.

해변 길을 따라 천천히 걷는 동안 나는 아버지를 두 번이나 잃은 일 때문에 몹시 힘들다고 크레이그에게 이야기했다. 크레이그는 그런 식으로 버림을 받는 것은 우리 종의 원초적인 두려움 중 하나라고 말했다. 수만 년 동안 우리는 아주 작은 무리를 지어 유대가 매우 긴밀한 공동체에서 살았다. 만약 부족에게 버림을 받는다면, 우리는 죽음에 직면할 수밖에 없었다. 가족과 부족과의 연결은 수만 년 동안 우리의 생존 티켓이었고, 이 생각은 우리의 정신에 깊이 뿌리박혀 있다. 이 말이 옳다는 것은 명백했는데, 비록 내가 상실을 합리화할 수 있다 하더라도, 그 슬픔은 나를 마구 짓이겨놓았기 때문이다. 대화를 나눈 것은 좋았지만, 말로는 내 기분을 변화시키는 데 도움이 되지 않는다는 사실을 나도 알고 있었다. 그렇다고 해서 다른 무엇이 도움을 줄지 아는 것도 아니었다.

산책이 끝날 무렵, 우리는 그 끝자락에 밀크우드가 빽빽하게 자란 아름다운 해변에 도착했다. 나무 그늘로 다가갈 때, 기묘하게도 나는 마치 뱃멀미가 일어나듯이 구역질이 났다. 내가 눕고 싶다고 말하자 크레이그는 고개를 끄덕였지만, 그의 마음은 딴 데 있었다. 그는 찾을 게 있다면서 다른 말 없이 갑자기 바다 쪽으로 방향을 홱 틀었다. 나는 두 손을 배 위에 올리고 풀밭에 누워 크레이그가 모래밭의 큰 바위를 향해 다가가는 모습을 지켜보았다. 크레이그는 그것을 한참 쳐다보더니, 그 밑의 젖은 모래를 파기 시작했다.

30센티미터쯤 파고 들어가다가 작은 흰색 돌처럼 보이는 것을 끄집어냈다. 크레이그는 고개를 저으면서 혼자 미소를 짓더니 재빨리 걸어서 돌아왔다. 크레이그가 내 옆에 앉을 무렵에는 나는 다시 기분이 좋아졌는데, 그 상황이 매우 불가사의했다. 그때 크레이그가 손을 폈다. 큰 손바닥 위에 기묘하게도 거인의 귀처럼 생긴 부드러운 흰색 물체가 놓여 있었다. 나는 그것을 들면서 무게가 상당히 나간다는 것을 알아챘고, 그것이 아주 밀도가 높은 뼈임을 직감했다. 바다에서 오랫동안 마모되어 그 촉감은 상아처럼 느껴졌다. 멋진 초록색과 분홍색 조류가 약간 붙어 있었고, 표면에는 작은 동물들의 껍데기 잔해가 남아 있었다. 그것은 바닷속에서 오랫동안 있었던 게 분명했다.

크레이그는 그것이 고래, 아마도 혹등고래의 귀뼈라고 말했고, 귀뼈의 높은 밀도 덕분에 고래가 물속에서 소리를 더 잘 들을 수 있다고 설명했다. 지난 몇 년 사이에 그것을 6개 발견했는데, 모두 방금 내가 목격한 것과 같은 방식으로 발견했다고 한다. 만약 내 눈으로 직접 보지 않았더라면, 나는 그 말을 믿으려 하지 않을 것이다. 크레이그는 그 재주는 특별한 것이 아니며, 칼라하리 사막에서 산족에게서 배운 것이라고 했다. 그리고 자신을 뼈가 묻힌 장소로 안내한 것은 일종의 신체 레이더라고 설명했다. 그의 집에 수천 점의 뼈가 가득 차 있다는 사실을 감안하면, 크레이그의 이 능력은 정말로 뛰어난 게 분명했다.

그날 저녁 늦게 우리는 모든 귀뼈를 부패 상태에 따라 배열하면서 크레이그 집의 목제 바닥에 내려놓았다. 아주 오래된 것들은 오랜 세월 동안 침식으로 닳고 조류로 뒤덮여 있었는데, 족히 수백 년은 되었을 것이다. 더 어린 뼈들은 촉감이 비단처럼 부드러웠고, 선이 매끄럽고 깨끗했다. 줄지어 나란히 놓여 있는 귀뼈들을 보면서 나는 한때 바다를 떠돌아다니던 거대 동물들의 마지막 흔적을 감상했다. 이들이 여행한 거리와 전달한 소리와 노래를 생각하면서 이 뼈들과 함께 있으니 이상하게도 친근한 느낌이 들었다.

가야 할 시간이 되었을 때, 나는 귀뼈 하나를 갖고 싶었지만 너무 소심해 차마 말하지 못했다. 크레이그는 그것을 눈치챈 게 분명한데, 친절하게도 하나를 고르라고 말했기 때문이다. 나는 그날 우리가 발견한 뼈를 가지고 나왔다. 집에 도착한 나는 그것을 내 침대 협탁 위에 올려놓았고, 잠들기 전에 몇 분 동안 손 안에 넣고 만지는 버릇이 생겼다. 기묘하게도 그것은 마음을 달래는 데 큰 효과가 있었는데, 나는 밤중에 어둡고 텅 빈 바다를 헤엄치던 고래의 머릿속 깊은 곳에 있었던 그 뼈를 생각하다가 무의식 세계로 빠져들어갔다.

다음번에 만났을 때, 크레이그는 그 뼈가 내게 무슨 의미가 있는지 생각해보았느냐고 물었다. 깊이 생각하지 않았다고 말하자, 자기 친구인 음발리 마레Mbali Marais를 만나보라고 권했다. 음발리는 케이프반도에 살고 있는 상고마(전통 치료사)라고 했다. 나는 이전에 상고마를 만난 적이 한 번도 없었고, 늘 그들을 약간 무시하거나 심지어 경계했다. 하지만 크레이그는 음발리가 '자연의 거울'에 비친 것을 내가 보도록 도와줄 것이라면서 찾아가보라고 강하게 권했다. 어차피 잃을 것도 없다는 생각에 나는 약속을 잡았다.

음발리는 힘이 넘치고 조각상처럼 위엄이 있는 60대 여성인데, 처음에 나는 위협적으로 느꼈다. 문을 열어주자마자 음발리는 곧장 내 눈을 뚫어질 듯이 들여다보아 나를 불안하게 만들었다. 올빼미처럼 생긴 주근깨투성이 얼굴과 선명한 갈색 눈이 나를 꿰뚫을 듯이 응시했다. 음발리는 내가 당혹해하는 것을 눈치채고는, 곧 미소를 지으면서 나를 의식을 행하는 방으로 안내했다. 작고 어두운 공간에서 음발리는 샐비어에 불을 붙이고, 재를 뿌리고, 주문을 중얼거리고, 불에 알코올을 뱉고, 자신과 나의 조상들을 불렀다. 음발리는 일종의 트랜스 상태에 빠져 뼈와 조개껍데기, 열쇠, 준보석 같은 작은 물체들을 던졌다. 나는 두려움에 휩싸인 채 음발리가 트림을 하고 몸을 떠는 모습을 앉아서 지켜보았다.

그렇게 몇 분이 지나자, 방 한쪽 구석에서 무서운 그림자가 나를 지켜보고 있다고밖에 표현할 수 없는 존재를 느꼈다. 그 윤곽을 정확하게 파악할 수는 없었지만, 그 형태는 거대한 찌르레기와 익

룡의 중간쯤으로 보였다. 숨으려고 하는 듯이 거대한 날개는 접혀 있었다. 나는 그것에 대해 이야기하려고 음발리의 의식을 방해했는데, 음발리는 마치 차를 권하는 듯한 어조로 그것이 포식 동물이냐고 물었다. 그렇다고 대답하자, 자신과 나 중 누구의 포식 동물이냐고 물었다. 나는 그것이 나의 포식 동물임을 알았고, 그렇게 대답했다. 음발리는 일어서더니 내게 왼손에 동전을 잡고 눈을 감으라고 했다. 그렇게 하자, 음발리는 무슨 노래를 부르더니 내 얼굴에 액체를 뱉었다.

그러고는 설명 한마디 없이 다시 자리에 앉더니 하던 의식을 계속했고, 나는 곧 그 무서운 그림자를 싹 잊어버렸다. 그 의식은 꽤 길었는데, 끝나기까지 세 시간이 걸렸다. 끝날 무렵에 나는 기진맥진하여 내가 해야 할 의식을 위해 음발리가 내게 시킨 길고 복잡한 지시들을 기억할 수 없었다. 다행히도 나는 모든 것을 휴대 전화로 기록해놓아 음발리가 트랜스 상태에서 내게 말한 계획을 재구성할 수 있었다.

나는 제사를 지내야 했는데, 음발리는 어떤 음식을 포함시키고 어떻게 준비해야 하는지 아주 구체적으로 지시했다. 그러고 나서 정해진 날 아침에 나는 바다로 가서 시포리스트에 음식을 바쳐야 했다. 그렇게 하는 동안 나는 음발리가 이름을 구체적으로 부르고 생김새를 분명하게 묘사한 다양한 동물과 존재에게 겸손과 인도를 요청해야 했다. 또한 내 조상과 바다에도 인도를 요청하고 그 응답에 귀를 기울여야 했다. 음발리는 내게 그것이 언제 끝날지 알 수 있을 것이며, 그때가 되면 태양에 몸을 숨기면서 그 장소를 빨리 떠나야 한다고 말했다.

돌고래들이 헤엄을 치는 모습을 지켜보고
있을 때, 매우 풍요로운 바다의 환영이 보였다.
바다 밑에 잘 익은 과일이 열린 과수원이
광대하게 펼쳐져 있고, 수백만 마리의 물고기 떼가
그 곁으로 헤엄쳐가는 모습이 보였다.
늘 그저 계속 주고 또 주기만 할 뿐,
그 대가를 결코 요구하지 않는 바다가 보였다.

나는 이런 의식을 이전에 해본 적이 한 번도 없었고, 이 모든 것이 의심스러웠으며 다소 어리석게까지 느껴졌다. 그 의식이 과연 효과가 있는지도 매우 미심쩍었지만, 음발리의 충고를 무시하면 불손해 보일 것 같았다. 나는 의식 도중에 본 익룡도 꺼림칙했는데, 결국 이 모든 것은 내 이해 범위를 벗어나는 것이라고 판단하고서 하라는 대로 하는 게 최선이라고 생각했다. 나는 지시대로 제사 음식을 세심하게 준비해 그날 아침 일찍 차를 몰고 피시훅으로 가서 바위를 건너 바다로 내려갔다. 많은 해가 지난 뒤에 그곳에 돌아오니 기분이 아주 이상했다. 도시 쪽을 내려다보면서 어릴 때 헤엄을 배웠던 조수 웅덩이를 보았는데, 그것은 너무나도 작고 하찮아 보였다.

여전히 나 자신이 어리석다는 생각이 들었지만, 그래도 의식을 계속 진행했다. 음식을 바다로 던질 때, 두 가지가 눈에 들어왔다. 첫 번째는 이집트기러기 가족이었다. 새끼들이 바위 위로 뒤뚱뒤뚱 걸어가고 있을 때, 부모들은 나를 경계의 시선으로 지켜보았다. 나는 바위 위에서 민물가마우지 한 마리를 보았는데, 이 불쌍한 새는 죽기 직전 단계에 있었다. 그것은 삶과 죽음이 교차하는 강렬한 순간이었고, 나는 조금 더 진지한 자세로 의식을 계속했다.

겸손하도록 노력해야 한다고 한 음발리의 말이 기억나 최대한 겸손한 자세로 시포리스트에 인도를 요청했다. 결국 나는 추운 날 아침에 혼자서 공허한 바다 표면에 대고 말하고 있었다. 몇 분의 시간이 지나는 동안 나는 뭔가 일어나길 기다리며 그곳에 앉아 있었는데, 속으로는 아무 일도 일어나지 않으리라고 예상했다. 하지만 막 자리에서 일어나려고 할 때, 바다 쪽으로 카약을 타고 가는 사람 옆에서 나란히 헤엄을 치는 돌고래 떼가 눈에 들어왔다. 나는 돌고래 숭배에 대해서는 냉소적이지만 돌고래 자체는 좋아하며, 서핑을 할 때 돌고래를 보는 게 항상 즐거웠다.

돌고래들이 헤엄을 치는 모습을 지켜보고 있을 때, 매우 풍요로운 바다의 환영이 보였다. 바다 밑에 잘 익은 과일이 열린 과수원이 광대하게 펼쳐져 있고, 수백만 마리의 물고기 떼가 그 곁으로 헤엄쳐가는 모습이 보였다. 늘 그저 계속 주고 또 주기만 할 뿐, 그 대가를 결코 요구하지 않는 바다가 보였다. 예기치 않게 이 무한한 너그러움을 깨닫는 순간, 내 마음속에서 뭔가가 탁 깨지면서 열렸고, 나는 바위 위에서 엉엉 울었다. 한 어부가 나를 쳐다보고 있는 것을 알아챈 나는 재빨리 짐을 챙기고 머리 위에 수건을 두른 뒤, 바위들 위를 가로질러 스켈리스풀로 내려갔다.

나는 헤엄을 치고 싶었고, 그래서 옷을 벗고 얕은 물로 걸어들어갔다. 작은 조수 웅덩이를 건넌 뒤에 조수 웅덩이를 바다로부터 보호하는 커다란 암붕 위로 올라갔다. 그곳에 서서 나는 여섯 살 때 넓은 바다로 들어가는 이 여행이 얼마나 무서웠는지 떠올렸다. 나는 마스크를 쓰고 물속으로 뛰어들어 깨끗한 물에서 헤엄을 쳤다. 잠수가 끝날 무렵에 나는 큰 두툽상어를 발견하고 그것을 향해 내려갔다. 내가 손을 뻗자, 두툽상어는 공 모양으로 몸을 말더니 자신의 꼬리를 물었다. 이 행동 중 어떤 요소가 내게 어떤 기억을 촉발했고, 나는 나중에 더 자세히 알아보기 위해 마음속에 기록했다.

그날 밤, 집에 돌아온 나는 저절로 그 연상이 떠올랐다. 책에서 뱀 또는 용이 자신의 꼬리를 먹는 그림을 본 것이 기억났고 그 의미를 살펴보았다. 나는 그것이 우로보로스라는 고대의 상징이며, 그 뱀은 이중성을 상징한다고 읽었다. 자신의 꼬리를 무는 뱀은 과거의 고리에 갇힌 것을 나타낸다. 그때 나는 내 길을 막고 있는 강철문이 춥고 멀리 떨어져 있는 저 밖의 자연이 아니라, 사실은 내 내면에 있다는 사실을 깨달았다. 숲의 거울에서 내가 만난 것은 바로 이것으로, 나 자신의 본성에 얼어붙어 있던 그 무엇이었다. 잠깐 동안 나의 망상 속에 가늘게 새어들어오는 빛이 나타났고, 내가 그동안 줄곧 잃어버리고 있었던 것이 무엇인지 볼 수 있었다. 나는 자신의 감옥을 만들고 있는 죄수였다. 그때 나는 또한 카약을 완성해야 하고, 아버지를 마지막으로 한 번 더 만나야 한다는 사실을 깨달았다.

나는 즉시 카약을 만드는 작업을 시작했는데, 이번에는 모든 안전 조처를 다 취했다. 몇몇 친구에게 도움도 요청했고, 함께 갑판을 완성하고 유리섬유를 씌운 뒤 선체에 결합했다. 마지막 작업은 조종석을 깎아내 만드는 것이었지만, 그 계획은 전부 아버지가 세운 것이어서 나는 어디다 구멍을 내야 할지 전혀 몰랐다. 이것을 제대로 하는 것은 아주 중요했다. 만약 제대로 하지 않는다면, 카약은 균형을 잃고 말 것이다. 나는 궁리를 한 뒤, 실톱으로 몇 분 만에 구멍을 냈다. 그리고 몇 주일 만에 작업을 끝내고 마지막 뒷마무리를 한 뒤, 이제 카약을 바다로 가져갈 준비를 끝마쳤다.

나는 크레이그에게 전화를 해 나의 처녀항해에 동행해달라고 부탁했다. 맨 처음 카약에 앉았을 때 나는 몹시 불안했다. 균형이 잡히는 것은 그만두고라도 물 위에 뜨기만 간절히 바랐다. 나는 조심스럽게 자리를 잡고 앉았고, 카약이 안정적으로 물 위에 떠 있다는 사실에 안도했다. 나는 크레이그와 함께 노를 저으며 파도를 헤치며 손쉽게 나아갔고, 곧 넓은 바다로 나아갔다.

며칠 뒤, 나는 밤에 자다가 심한 위경련을 느껴 이른 시간에 일어났다. 어둠 속에서 더듬거리며 욕실로 갔는데, 마루에서 쓰러지기 전에 간신히 변기 위에 앉았다. 따뜻한 여름밤이었지만 나는 몹시 추웠다. 나는 바닥에 격렬하게 구토를 했고, 담즙이 올라오는 순간 본능적으로 무슨 일이 일어나는지 알아챘다. 평생 동안 내가 도망치려고 애썼던 악마가 분해되고 있었고, 나는 내면에서 그 형태를 느꼈다. 그것은 커다랗고 차갑고 검은 새였다.

나는 그것이 내가 어린아이였을 때 떨어져나가 자라난 내 마음의 일부라는 사실을 깨달았다. 이것은 요트에서 그 여자를 발견한 데 대해, 그리고 그 결과로 내 가족을 파괴한 데 대해 내가 느꼈던 수치심의 형태를 띠고 있었다. 아버지를 찾으려고 했던 내 행동 뒤에 숨은 동기는 내가 저질렀다고 생각한 죄에 대한 용서를 구하는 것이었지만, 그것은 큰 실수였다. 격렬하게 구토를 할 때마다 나는 내 몸에 고마워했다. 마침내 구토가 끝났을 때, 나는 기진맥진한 상

균형이 잡히는 것은 그만두고라도 물 위에
뜨기만 간절히 바랐다. 나는 조심스럽게
자리를 잡고 앉았고, 카약이 안정적으로
물 위에 떠 있다는 사실에 안도했다.
나는 크레이그와 함께 노를 저으며 파도를 헤치며
손쉽게 나아갔고, 곧 넓은 바다로 나아갔다.

태로 바닥에 누워 부들부들 떨고 있었다.

마침내 작별 인사를 해야 할 때가 왔고, 그래서 나는 그다음 날에 아버지 집으로 가 초인종을 눌렀다. 집 앞 진입로에 차가 있었지만, 아버지는 대답하지 않았다. 나는 계속 초인종을 눌렀고, 마침내 아버지가 밖으로 나오자, 나는 대놓고 왜 나를 버렸느냐고 물었다. 나는 아버지가 나를 보는 게 얼마나 힘든지 알 수 있었지만, 아버지는 마치 자신에게 "돌보라고" 하듯이 내가 "어머니를 자신의 문 앞에 갖다놓은" 것에 매우 기분이 상했다고 간신히 말했다. 또, 우리가 아버지를 떠났을 때 매우 큰 상처를 입었다고 말했고, 언제든지 집으로 돌아오라고 내가 아버지를 부를 수도 있었다고 덧붙였다.

우리를 떠난 사람은 아버지였고, 그 당시 나는 겨우 여덟 살이었으며, 아버지 전화번호도 어디에 사는지도 몰랐다는 사실을 상기시키자, 아버지는 그저 멍한 표정으로 나를 바라보았다. 나는 아버지가 심지어 나를 보지도 못한다는 기묘한 느낌이 들었다. 마치 그의 슬픈 파란 눈은 내면만 바라보는 것 같았다. 나는 그 상황의 끔찍함을 알아챘다. 내가 그랬던 것처럼 아버지는 자신의 꼬리를 집어삼키고 있었다. 나는 진정으로 아버지에게 애처로움을 느꼈다. 나는 아버지에게 연장을 돌려주고 작별 인사를 한 뒤, 영원히 아버지를 떠났다.

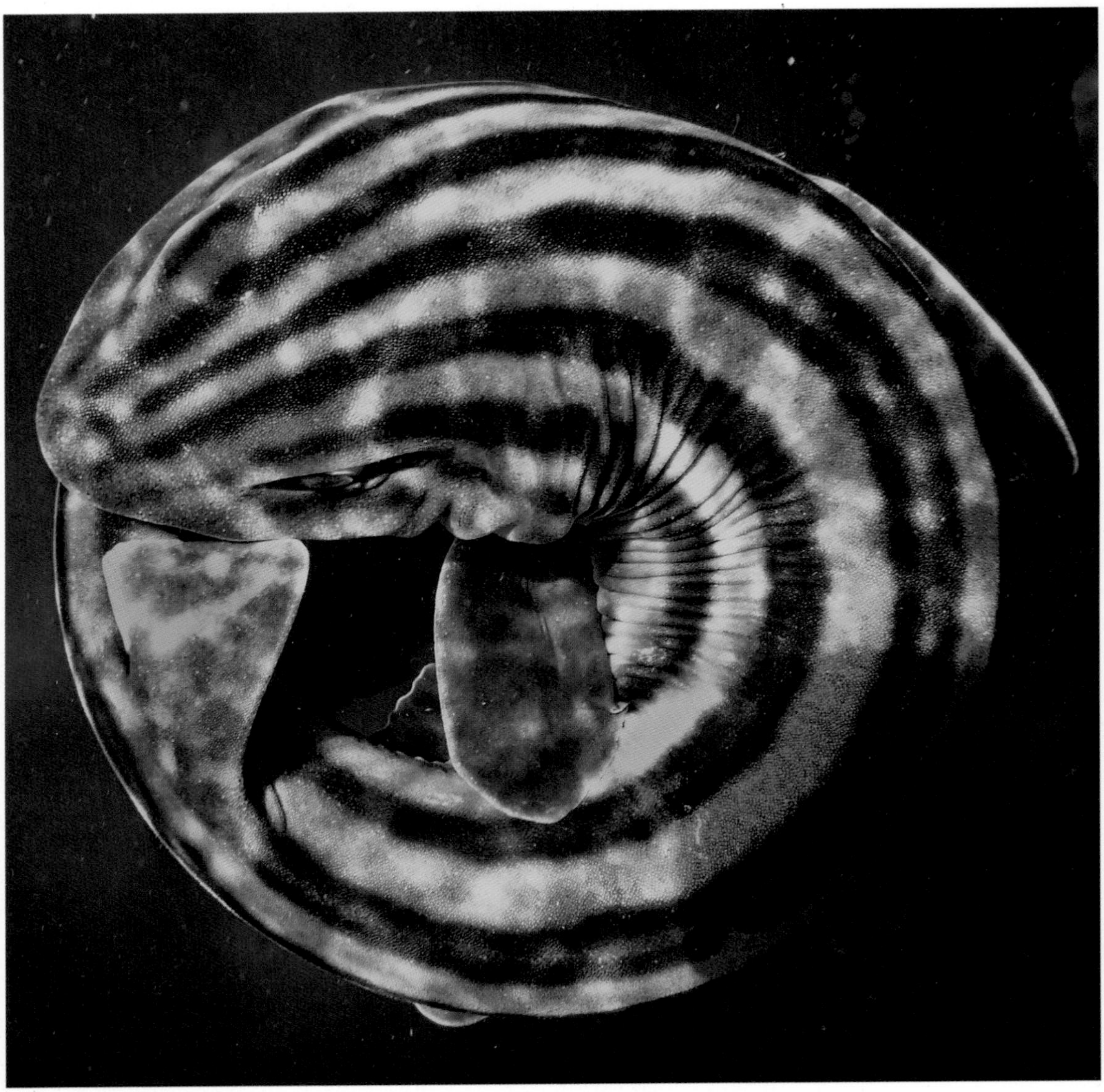

○

이빨고래는 바다의 박쥐라고 할 수 있는데, 고주파 음을 발사해 청각으로 주변 환경을 '본다'. 즉, 반사된 소리를 포착해 그것을 상으로 만들어 볼 수 있다. 수염고래는 주파수가 아주 낮은 소리로 노래를 부르고 들음으로써 아주 먼 거리에서도 서로 의사소통을 한다. 그 소리는 자유롭게 움직이는 귀뼈로 들어가는데, 귀뼈는 돌처럼 아주 단단하다. 나는 아프리카 해안에서 작은 동굴에 숨겨져 있거나 모래에 묻혀 있는 이런 고래 귀뼈를 7개나 발견했다. 또, 뉴욕의 한 가게에서 화석으로 변한 고래 귀뼈도 2개 발견했다. 이것을 보고 있으면, 귀뼈를 통해 전달되는 고래의 희미한 소리를 내 몸이 여전히 들을 수 있는 듯한 느낌이 든다. 귀뼈는 고래의 몸에서 가장 단단하고 가장 오래 남는 뼈이기 때문에 고래의 마지막 흔적이라고 할 수 있다. 고래가 한평생 사는 동안 주고받는 의사소통은 모두 귀뼈를 통해 일어난다. 따라서 고래의 귀뼈는 해양 포유류의 소리를 담는 성배이자, 고래의 삶을 음향학적으로 보여주는 그림이며, 고유한 수생 생태계 지식의 바다라고 할 수 있다. 우리가 고래 귀뼈를 통해 전달된 소리 중 일부를 듣거나 알 수 있다면, 그것은 신의 목소리를 듣는 거나 다름없다.

○

'상어 감지 능력'(보이지 않지만 가까이에 있는 큰 상어의 존재를 감지하는 능력)을 지닌 서퍼들 이야기를 많이 들었다. 나는 로스와 내 아들 톰과 함께 케이프 포인트에서 잠수를 하기 전까지는 이것을 경험하지 못했다. 나는 켈프 숲 전체에서 뭔가 이전과 다르다는 느낌을 받았다. 물고기와 작은 협곡상어가 겁을 먹은 듯했고, 갈매기들이 기묘한 방식으로 울었다. 그러다가 아주 이상한 것을 보았다. 거대한 매가오리가 무성한 켈프 임관에 웅크리고 있었다. 우리는 곧 그 이유를 알게 되었다. 잠시 후, 켈프 숲 가장자리에서 불과 50미터 떨어진 지점에서 커다란 백상아리가 물범을 쳐 물 위로 솟아오르게 했다. 그날부터 나는 가끔 가슴이 따끔거리는 느낌이 들었는데, 그러고 나서 큰 상어의 존재를 확인한 적이 몇 번 있었다. 내가 주변의 물속에서 내 의식 뇌가 인식하지 못하는 미묘한 단서를 포착했을지도 모른다. 아니면 모든 야생 인류가 지녔던 원초적 구조의 일부였던 오래된 감각이 오랜 깊은 잠에서 마침내 깨어난 것인지도 모른다.

○

고고학자 피터 닐센Peter Nilssen과 함께 케이프반도 남부에 있는 블레이스바이 해안을 걸을 때 특이한 광경을 보았다. 놀랍도록 큰 블랙테일 무리가 작은 조수 웅덩이에 갇혀 있었다. 이 물고기들은 우리를 보고서 기겁했지만, 도망갈 데가 전혀 없었다. 나는 조수 웅덩이의 산소가 얼마 안 가 바닥날 것이기 때문에, 이 물고기들이 다음번 밀물이 밀려올 때까지 살아남을 가능성이 적다고 생각했다. 우리는 물고기들을 바다로 되돌려보내고 싶었지만, 운반할 도구가 전혀 없었다. 절박한 심정에서 나는 물고기들에게 말을 하면서 그들의 목숨을 살리려는 우리를 도와달라고 간청했다. 그것은 개에게 말을 하는 것과 별다를 바가 없었다. 그런데 아주 기묘한 일이 일어났다. 물고기들이 움직임을 딱 멈추고, 우리가 손으로 한 마리씩 자신을 들어올려 해변까지 운반하도록 허용했다. 우리가 물속에 손을 담그자마자 물고기들은 자유를 향해 달려갔다. 피터와 나는 얼빠진 표정으로 서로를 쳐다보았다. 우리는 야생 동물의 감수성과 지능을 너무나도 쉽게 과소평가한다.

문어 선생님은 내게 시포리스트의 동물처럼 움직이는 법을 보여주었다. 내가 물에 일으키는 압력파는 아주 작아야 했고, 몸의 근육을 완전히 이완시켜야 했다. 물을 튀기거나 빠른 움직임도 허용되지 않았고, 정적 상태를 유지해야 했다. 내가 이런 식으로 물속에서 오랫동안 움직이는 법을 터득하고 나자, 숲의 동물들과 나의 관계에 변화가 일어났다. 상당히 많은 동물들이 두려움을 떨치고 내게 다가왔고, 심지어 신체적 접촉까지 시도했다. 산족 스승들이 이러한 접촉의 효과에 대해 이야기한 적이 있는데, 동물과 그 동물이 접촉하기로 마음먹은 사람 사이에 특별한 유대가 생겨난다고 했다.

○

내가 물속에서 겪은 가장 강렬한 접촉 중 하나는 이 패치워크갑오징어였다. 이전에 만났던 갑오징어들과 달리 이 작고 취약한 동물은 내게 다가와 한 시간이 넘게 함께 놀았다. 호기심이 많고 나를 신뢰한 이 갑오징어는 내 손가락을 잡아당겨도 보고 심지어 나와 함께 수면까지 헤엄쳐 올라가기도 했다. 수면 지역은 평소에 갑오징어가 감히 갈 생각조차 하지 않는 장소인데, 이 갑오징어가 그랬다는 것은 그만큼 나를 깊이 신뢰했다는 증거이다.

며칠 뒤에 나는 크레이그와 잠수에 나섰는데, 수온은 약 13℃였다. 크레이그는 내게 잠수복을 입지 말고 잠수하여 30분 벽을 돌파해보라고 권했다. 실고기 몇 마리가 먹이를 먹고 있었고, 나는 그 사진을 찍는 데 심취했다. 하지만 20분이 다가오자 나는 나가고 싶었다. 크레이그가 그것을 눈치채고서 주의를 돌리기 위해 자신과 함께 더 깊이 잠수하자고 제안했다. 멀리 떨어진 숲 가장자리에서 물범이 나타났고, 우리는 몇 분 동안 물범과 함께 헤엄쳤다. 나는 수온이 몇 도 더 낮은 해저 바닥에서 물범 사진을 찍으려고 시도했지만, 바닥을 찰 때 오른쪽 종아리 근육에 격심한 경련이 일어나는 바람에 물 밖으로 나가야 했다.

나는 계속 도전하기로 결심하고 그 주에 다시 크레이그와 함께 잠수에 나섰다. 20분 지점에서 나는 평소의 두려움이 내게 나가라고 말하는 것을 들었지만, 그와 함께 또 다른 목소리가 매우 선명하게 들렸다. 그것은 단순하면서도 마음을 뒤흔드는 질문을 던졌다. "너는 왜 춥고 무서운 장소로 밀어넣으려고 하는 이 미치광이에게 끌렸는가? 그 답을 알고 싶지 않은가?" 이 질문은 나의 마음을 사로잡았고, 처음으로 그 답을 알고 싶은 의지가 두려움보다 더 강했다. 나는 저항이 나를 스쳐 지나가게 내버려둘 수 있었고, 내가 깨닫기도 전에 40분 지점을 넘어섰다.

크레이그와 함께 바다를 떠나 바위들이 있는 곳으로 걸어가고 있을 때, 나는 추위에 취한 상태에 또다시 빠지리란 사실을 알았다. 나는 간신히 옷을 입고 장비를 가방에 집어넣고 나서 도로를 향해 걸어가려고 애쓰다가 그대로 풀밭 위에 쓰러지고 말았다. 이렇게 추웠던 적은 일찍이 없었다. 얼굴을 땅에 처박고 그곳에 엎드려 있는 동안 나는 내가 변성 상태로 빠르게 옮겨가고 있다는 사실을 깨달았다. 순식간에 나는 단단한 땅을 뚫고 내려가 흔들리는 바다로 돌아갔다. 나는 반짐승으로 변했고 시포리스트와 합쳐졌다. 해저 바닥을 따라가며 열광적으로 먹이를 먹는 인식이 있었지만, 그와 동시에 잡아먹히는 인식도 있었다. 이 상태에서는 양자 사이에 구별이 없었다. 사냥꾼은 곧 사냥감이었다. 그것은 거대한 춤이었고, 암석과 모래, 물과 파도를 비롯해 모든 존재가 조화를 이루고 있었다.

정신이 돌아왔을 때, 내 밑의 흙에서 지렁이가 꿈틀거리며 기어나왔다. 나는 고개를 들어 크게 뜨긴 했지만 초점을 잃은 크레이그의 파란색 눈을 똑바로 들여다보았다. 크레이그 역시 풀밭에 누워 있었는데, 나는 그도 트랜스 상태에 빠졌다는 사실을 알았다. 그의 눈을 응시하면서 나는 광대하고 형체가 없고 벌거벗은 무無 속으로 녹아들어갔다. 그것을 표현하는 최선의 단어는 '굉장하다'가 아닐까 싶다. 그것은 견딜 수 없을 정도로 공허한 경이로움으로 가득 찬 느낌이었다. 그것은 너무나도 광대하여 모든 것, 심지어 아버지와 아들, 남성과 여성, 인간과 자연 사이의 전쟁까지도 허용되는 자유였다. 나는 이것 역시 거대한 춤의 일부이며, 우리 모두가 함께 춤추고 있다는 사실을 알았다.

나중에 나는 아주 오래전에 바위에 남긴 춤추는 남자-영양 그림을 다시 생각하면서 그 미술가들이 묘사한 것을 내가 경험했다는 사실을 깨달았다. 나는 인간과 동물, 그리고 나와 타자 사이의 경계가 허물어지는 야생의 영역으로 헤엄쳐갔다.

그 후 몇 달 동안 나는 휴가를 내 일주일에 몇 번씩 사이먼스타운으로 여행을 갔다. 크레이그의 문어 선생님 발견 뉴스가 BBC 어스에 보도되었고, 제작자들이 새로운 〈블루 플래닛 II〉 시리즈를 위해 크레이그와 함께 촬영하길 원했다. 나는 순전히 재미를 위해 크레이그와 그의 촬영팀과 함께 이 잠수에 몇 차례 합류했다. 크레이그가 이제 자신의 가장 위대한 선생님으로 여기는 문어를 언젠가 10억 명의 시청자가 볼 것이라고 생각하니 기분이 이상했다. 도시 가장자리에 있는 우리의 개인적인 황야가 전 세계에 공개되리라고 생각하니 그것도 기묘했다.(결국 〈블루 플래닛 II〉는 역사상 가장 인기 있는 자연 다큐멘터리 시리즈로 자리를 잡았고, 문어가 등장하는 에피소드는 이 시리즈에서 가장 많이 회자된 다큐멘터리가 되었다.)

크레이그의 아들 톰은 키가 크고 잘생긴 십대 소년으로 변했다. 톰은 몇 년 전부터 큰 칠성상어와 함께 잠수하길 원했는데, 크레

그것은 너무나도 광대하여 모든 것, 심지어
아버지와 아들, 남성과 여성, 인간과 자연
사이의 전쟁까지도 허용되는 자유였다.
나는 이것 역시 거대한 춤의 일부이며,
우리 모두가 함께 춤추고 있다는 사실을 알았다.

이그는 이제 때가 되었다고 판단했다. 3미터 이상까지 자라는 이 큰 상어는 물범과 돌고래를 사냥한다. 보통은 사람을 공격하진 않지만, 드물긴 해도 몇몇 공격 사례가 보고된 적이 있다. 크레이그는 매우 조심했지만, 우리는 곧 톰이 얼마나 편안하게 잠수를 하는지 보았다. 자기 나름의 침착하고 유능한 방식으로 톰은 시포리스트에서 이 큰 상어들과 함께 잠수를 했다. 심지어 한 상어의 등 위에 올라타기까지 했는데, 상어 등에 타 숲을 누비는 소년을 보는 것은 마법과도 같았다.

내 아들 조지프는 일곱 살이 되었는데, 아주 건강하고 멋진 아이였다. 조산아로 태어났지만 그로 인한 문제는 하나도 없었고, 나의 모든 두려움이 기우로 드러나 무척 기뻤다. 케이프타운에서 동쪽으로 몇 시간 거리에 있는 블롬보스 부근 해안에 작은 석조 별장이 있었는데, 우리는 방학이 되면 그곳에서 휴가를 보내곤 했다. 따뜻한 여름밤이면, 나는 먼지가 날리는 길을 걸어내려가 별빛 아래 강에서 헤엄을 치는 게 아주 좋았다. 나는 이 저녁 산책에 함께 가지 않겠느냐고 물었지만, 조지프는 항상 내켜하지 않았다.

달이 없는 어느 고요한 밤에 내가 또다시 권했더니, 조지프가 마침내 동행하기로 동의했다. 나는 조지프가 딴 데 정신이 팔려 있다는 걸 눈치챘고, 길을 내려가는 동안 거의 내 발 위에 서서 가듯이 왜 내 옆에 바짝 붙어서 가는지 의아했다. 수백 미터쯤 가다가 무슨 문제가 있느냐고 물었지만, 조지프는 말하려 하지 않았다. 겁을 먹었다는 걸 알아챈 나는 끈질기게 질문을 한 끝에 마침내 아직도 뱀이 무섭다는 대답을 들었다. 평소에 조지프와 나는 늘 서로를 놀리기 때문에, 나는 염려해야 할 유일한 뱀은 밤에 돌아다니는 살무사뿐인데, "지금 바로 네 뒤에 있는 저것 말이야!"라고 아무 생각도 없이 내뱉었다. 불쌍한 조지프는 거의 기절할 뻔했고, 그러고 나서 공포에 질려 울음을 터뜨렸다.

갑자기 나는 그동안 조지프가 얼마나 큰 고통을 받았는지 깨달았고, 오래전에 소나무 숲에서 조지프를 무시한 일이 기억났다. 내가 가장 큰 두려움에서 조지프를 보호하는 데 실패했고, 그것이 조지프에게 얼마나 무서웠는지 이해하자, 큰 후회가 밀려왔다. 나는 조지프에게 살무사 이야기는 장난이었다면서 이 지역에는 뱀이 한 마리도 없다고 설명했다. 물론 뱀이 없다는 것은 거짓말이었다. 코브라와 빼끔살무사를 비롯해 다양한 독사가 있었지만, 조지프에게 사실대로 말할 수는 없었다. 불행하게도 조지프는 그날 아침에 이웃들이 정원에서 코브라를 봤다고 이야기하는 것을 들었고, 내 말을 곧이곧대로 믿으려 하지 않았다. 가까이에 큰 콘크리트 관이 있어 우리는 금방이라도 닥칠지 모르는 뱀의 공격을 피하기 위해 그 위로 올라가 앉았다. 내가 부드럽게 질문을 하자, 조지프는 오래전부터 뱀을 무서워했다고 털어놓았다. 마음속에서 뱀을 떨칠 수가 없으며, 항상 뱀이 자신을 '공격'한다고 말했다. 갑자기 조지프가 항상 내게 자기 침대와 화장실과 그 밖의 모든 장소까지 함께 가달라고 한 이유가 이해되었다.

우리는 발을 땅에서 뗀 채 그곳에 나란히 앉아 있었다. 강에서 따뜻한 바람이 바다와 초원 냄새를 싣고 불어왔다. 나는 조지프가 자신의 두려움을 창피하게 여겼고, 그렇게 오랜 세월을 살아왔다는 사실을 깨달았다. 나는 창피함의 방어 수단이 침묵이라는 걸 알고, 또 조지프가 자신이 만든 두려운 생각의 감옥에 갇혀 있다는 사실도 알았다. 나는 그것을 알아채지 못한 나의 무지와, 나 자신에 너무 정신이 팔린 나머지 조지프의 고통과 조지프가 자신을 자연에서 격리시킨 방식을 보지 못한 것에 몹시 마음이 아팠다. 이것이 아버지로서 마주친 진실의 순간이라는 사실을 깨달은 나는 무엇을 해야 할까 하고 고민했다. 그때 좋은 생각이 떠올랐다. 만약 뱀이 조지프의 보호자라고 설득할 수만 있다면, 새로운 이야기를 만들어냄으로써 이 상황을 반전시킬 수 있을 것 같았다.

나는 아프리카 정글에 사는 아이들에 관한 긴 이야기를 지어냈는데, 이 아이들은 야생 동물들에 둘러싸인 환경에서 자란다. 그리고 뱀은 모든 동물 중에서도 가장 강한 동물이어서 가장 용감하고 힘센 아이들만 찾아간다고 했다. 뱀은 아이에게 큰 힘을 주고 심지어 그의 보호자가 될 수 있다. 하지만 그러려면 그 아이는 뱀을 돌보는 법을 알아야 한다고 했다. 조지프는 이 이야기에 완전히 빠져 정글의 아이들은 뱀을 어떻게 돌보느냐고 물었다. 나는 좋은 질문이라고 칭찬한 뒤, 속삭이는 목소리로 가장 중요한 것은 뱀이 원할 때

숲으로 돌아가도록 놓아주는 것이라고 말했다. 그렇게 하지 않으면, 뱀은 오도 가도 못하게 갇혀서 화가 난 나머지 너를 사정없이 위협할 것이라고 말했다.

조지프는 경이로운 표정으로 나를 바라보았고, 나는 조지프가 여기서 탈출 기회를 보았다는 사실을 알았다. 떨리는 작은 목소리로 조지프는 어떻게 하면 뱀을 풀어줄 수 있느냐고 물었다. 이제 조지프의 관심을 완전히 끌었다고 판단한 나는 가장 경건한 목소리로 뱀을 자유롭게 풀어주려면 네가 무서워하는 것이 무엇인지 내게 말해야 한다고 했다. 그것을 차마 말하지 못하고 몸을 떨면서 더듬거리는 모습을 보니 가슴이 몹시 아팠다. 하지만 결국 조지프는 자신의 침대 밑에 큰 뱀이 살고 있다고 말했다. 그 말을 듣고 나는 저 멀리 지평선에 무성한 나무들이 있는 쪽을 바라보면서 방금 그 뱀이 바람처럼 자기 집으로 달려갔다고 말했다. 조지프는 고개를 들었고, 얼굴에 퍼진 안도의 미소는 아마도 내가 본 것 중 가장 아름다운 것이었다.

나는 조지프의 용기를 칭찬하고, 조지프에게 힘을 주고 자신과 가족을 보호해준 뱀에게 고마워해야 한다고 말했다. 그리고 나의 특별한 감사도 전해주라고 했는데, 그다음 며칠 밤 동안 조지프는 잠자기 전에 자신을 보살펴주고 자신에게 힘을 주고 자신이 아는 모든 사람을 보호해준 데 대해 뱀에게 길게 감사를 표시했다. 그 후 몇 달 동안 조지프는 뱀에 큰 관심을 보여 도서관에서 책을 빌려서 읽기도 하고 뱀 공원을 방문하기도 했다. 그리고 나서는 모든 것을 싹 잊어버렸다.

조지프는 바다가 내려다보이는 곳에 있는 초등학교에 들어갔고, 나는 아침마다 조지프를 차에 태워 학교에 데려다주는 일을 즐겼다. 조지프를 내려주고 나면, 개를 데리고 산책을 한 뒤, 클리프턴의 아름다운 해변에서 잠깐 동안 수영을 했다. 그러던 어느 날, 전혀 예상치 못한 만남이 일어났다. 바다에 막 들어가려고 할 때, 만 한가운데에서 커다란 검은색 물갈퀴 또는 지느러미가 움직이는 것이 보였다. 주변을 둘러보았지만 해변에는 아무도 없었으므로, 그것이 나를 향해 손짓을 한다는 기묘한 느낌이 들었다. 물론 그것이 어리석은 의인화라는 건 나도 알았지만, 그래도 나는 헤엄을 쳐 그곳으로 가 그 동물이 무엇인지 알아보기로 했다. 다가가던 도중에 거대한 고래 꼬리가 수면을 가르고 나오더니 다시 물속으로 들어가는 걸 보고 나는 소스라치게 놀랐다.

크게 놀란 나는 어떻게 해야 하나 하고 고민했다. 마음을 정하기도 전에 내 밑에서 물이 솟아오르더니 몇 미터 떨어진 곳에서 남방참고래가 수면 위로 떠올랐다. 고래가 일으킨 너울에 실려 반짝이는 그 검은색 몸 위로 솟구치는 것은 매우 신나는 경험이었고, 나는 고래와 함께 한동안 헤엄을 쳤다. 나는 매우 취약하다고 느꼈지만, 그와 동시에 역설적이게도 완전히 안전하다는 느낌도 들었다. 나는 사진도 몇 장 찍었고, 고래가 다른 데로 가버렸다고 믿고서 사진을 잘 찍었는지 확인까지 했다. 사진들을 죽 살펴보던 나는 뭔가 거대한 것이 나를 지켜보고 있다는 기묘한 느낌이 들었다.

나는 머뭇거리며 위를 올려다보았다가 거대한 고래가 내 위로 건물처럼 높게 솟아 있는 것을 보고 소스라치게 놀랐다. 머리는 완전히 수면 밖으로 나와 있었고, 따개비로 뒤덮인 얼굴에서 슬로모션으로 떨어지는 물방울 하나하나까지 보였다. 나는 고래가 천천히 도로 물속으로 가라앉아 사라질 때까지 경외감에 사로잡혀 바라보았다.

물속에서 걸어가면서 나는 그 고래가 자신의 부름에 호응한 것에 대해 내게 고마움을 표시한 것이라는 기묘한 느낌이 들었고, 그 귀뼈의 무게와 비단 같은 질감을 내 손바닥으로 느낄 수 있는 것 같았다. 바다 쪽을 바라보면서 나는 살아 있는 거대한 바다의 광대함을 깊이 인식했다. 잠깐 동안 나는 바닷물처럼 투명해진 느낌이 들었는데, 그것은 방향 감각을 상실할 정도로 강렬한 느낌이어서 나는 정신을 차리기 위해 육지 쪽으로 몸을 돌려야 했다. 나는 고운 천 같은 구름이 남동풍에 실려 뾰족한 바위들을 지나 테이블산 절벽과 계곡 아래로 내려오는 모습을 지켜보았다. 라이온스헤드봉 위의 구름 사이로 햇무리가 나타난 걸 보고서 저녁에는 비가 내릴 확률이 높겠다고 생각했다.

나는 남쪽을 바라보면서 케이프반도의 험준한 등뼈를 이루는 산맥을 죽 따라가다가 크레이그도 황금 숲에서 자신이 사랑하는 두 족류와 함께 잠수를 하면서 물속에 있는지 궁금했다. 깊은 숨을 들이쉰 뒤에 나는 내 신경이 견딜 수 있는 데까지 최대한 깊이 아래로 잠수했다. 파란 공허 속에 둥둥 뜬 채 나는 눈을 감고 해변의 교실에서 바쁘게 지내고 있을 내 아이를 생각했다.

환한 아침 햇살이 비치는 수면 위로 올라온 나는 나의 탐색이 끝났다는 사실을 깨달았다. 나는 평생 동안 잃어버린 아버지를 찾았다. 이제 나는 내가 그토록 바라던 존재로 변했다는 사실을 알았다. 나는 아버지였고, 모든 것이 제자리에 있었다. 나는 천천히 헤엄을 치며 해변과 그곳에 펼쳐진 야생 자연인 시포리스트를 향해 돌아가기 시작했다.

나는 머뭇거리며 위를 올려다보았다가
거대한 고래가 내 위로 건물처럼
높게 솟아 있는 것을 보고 소스라치게 놀랐다.
머리는 완전히 수면 밖으로 나와 있었고,
따개비로 뒤덮인 얼굴에서 슬로모션으로
떨어지는 물방울 하나하나까지 보였다.

내 아들 톰은 내가 겨우 세 살 때 내 아버지가 내게 가르쳐준 것과 똑같이 내 등에 올라타 깊이 잠수하는 법을 배웠다.

○

나는 톰에게 상어를 무서워하지 말라고 가르쳤다. 많은 해가 지나면서 톰은 상어를 존중하고 결국에는 사랑하게 되었다. 십대 청소년으로 접어드는 열두 살 때, 톰은 직관적으로 입문을 원했다. 칠성상어에게 받아들여지고 그 등지느러미를 잡고 올라타길 원했다. 이 생각에 나는 두려움을 느꼈는데, 칠성상어는 물범과 돌고래를 사냥하고, 민감한 지느러미에 손을 대는 사람에게 위협을 느낀다는 것을 알고 있었기 때문이다. 이제 톰은 나를 시험한다. 톰은 상어들을 오랫동안 지켜봐왔고, 그들에게 자신의 평온한 존재를 느끼게 하고 아주 편안한 개인을 선택하게 했다. 이 거대한 포식 동물의 등 위에 타 수중 숲을 누비는 톰을 바라보는 것은 내게는 꿈과도 같았다. 상어는 공격성이나 불편의 징후를 조금도 내비치지 않았는데, 이것은 사람과 동물 사이의 연결 관계를 보여주는 증거이다.

파도 사이에서 웃고 있는 로스의 아들 조지프. 그의
얼굴에는 원초적 환희가 넘친다.

크레이그 포스터

오늘날 살아 있는 대다수 사람들과 마찬가지로 나도 야생 상태로 태어났다. 다만, 내가 속한 세계는 내 속 깊은 곳의 조상이 기억하는 세계와는 아주 다르다. 야성은 더 이상 가치 있는 것으로 간주되지 않는다. 내가 어린 시절에 대서양 바로 옆에서 살았던 것은 아주 큰 행운이었다. 나의 자연적 설계로 돌아가려는 무의식적 시도를 통해 나는 켈프 숲과 그곳 동물들과 끊을 수 없는 사랑의 실로 연결되었다. 어린 시절의 삶은 내 가족들과 시포리스트, 그리고 조간대의 동물 가족들로 이루어져 있었다. 처음 10년 동안은 조수 웅덩이와 켈프 숲을 탐험하는 것이 내게는 일상적인 사건이었다.

나는 어린 시절에 남아프리카의 암면 미술에서 야성과 맞닥뜨렸는데, 20대 후반과 30대 초반에 그 야성의 비밀을 풀 수 있는 실들을 보았다. 거기서 살았던 초기 인류는 야성의 원천과 연결되는 것을 느끼려면 세계를 공유하는 동물들과 연결되는 실을 만들어야 한다고 믿었다. 나이를 먹을수록 나 자신의 야성은 죽어가는 것 같았다. 나는 암면 미술 작품을 촬영하고, 얼마 남지 않은 추적과 야생 자연의 스승들(칼라하리 사막의 산족 부시먼)을 연구하느라 10년을 보냈다. 그들을 통해 나는 추적이 이 야생 왕국을 여는 열쇠라는 사실을 깨달았다. 나는 이 놀라운 사람들과 연결되는 실을 만들었고, 그들은 내게 말로 표현하지 않은 도전 과제를 던졌는데, 그것은 바로 나를 자연의 교향곡으로 다시 데려다줄 노래를 발견하는 것이었다. 나는 다큐멘터리 촬영 일을 그만두고 어린 시절의 해변으로 돌아갔다. 바로 이곳에서 2010년부터 이 책의 여행이 시작되었다.

나는 야생 자연과 약속을 했다. 일 년 365일 내내 매일 잠수를 하기로. 나는 또한 잠수복 없이 잠수를 하기로 약속했는데, 내 조상들이 그랬던 것처럼 추위에 적응하길 원했기 때문이다. 처음에는 내 앞에 외롭고 힘든 길이 놓여 있는 것처럼 보였고, 일 년 동안 추위를 견디느라 애를 먹었지만, 결국에는 마음으로 몸을 따뜻하게 하는 방법을 터득했는데, 이것은 우리 조상들이 수천 년 동안 사용했던 능력이다. 추위는 약했던 내 면역계를 복구했고, 내 마음을 점점 더 또렷하게 해주었다.

추위 속에서 헤엄을 치는 것과 야생 해양 생물에 대한 나의 폭발적인 열정을 다른 사람과 함께 나누길 원했는데, 몇 년 동안 혼자서 잠수를 하다가 로스 프릴링크를 만났다. 그때만 해도 우리는 이 책을 함께 쓰리란 생각은 전혀 하지 않았지만, 어쨌든 로스는 매주 함께 잠수를 하러 왔다. 조용하고 겸손한 이 남자에게는 영감을 불러일으키는 생각들과, 인생과 야성과 미스터리에 대해 가감 없이 깊은 대화를 함께 나눌 수 있게 하는 뭔가가 있었다. 로스는 판단을 거의 내리지 않는데, 나는 이 사람이라면 내 마음속에 감춰둔 많은 것을 터놓고 이야기할 수 있겠다는 느낌을 받았다. 야생 바다에서 목적 없는 모험을 함께 하면서 생긴 우정은 아주 강력하다. 우리가 함께 잠수를 할 때마다 깊은 마법이 펼쳐지는 것 같았고, 부서진 두 영혼이 불가사의하게 합쳐지는 것을 느꼈다. 나는 야생 바다가 천천히 우리를 키우고 가르치고 우리의 자연스러운 인간성을 흘러나오게 한다고 느꼈다. 이렇게 또 하나의 실이 생겨났다.

개인적으로 로스와 함께 한 잠수에서 무엇보다도 인상 깊었던 것은 자연의 거울이 그에게 어떻게 효과를 나타내는지 보는 것이었다. 우리가 잠수를 할 때마다 거의 매번 마법 같은 일이 일어나 로스의 내면 깊숙이 갇힌 채 억눌려 있던 사랑과 경이를 비추어주었다. 다른 한편으로는 차가운 물은 수면 위에서 로스가 느꼈던 두려움과 고통을 거울처럼 보여주었다. 로스는 자신의 고통을 얼어붙게 했고, 그래서 물속에서 문자 그대로 얼어붙고 있었다. 자연은 완벽한 거울이어서 로스에게 숨어 있던 자신의 아름다움과 얼어붙은 고통을 보여주었다.

우리는 모두 동일한 것을 갖고 있다. 즉, 내면에 미녀와 야수가 함께 존재한다. 야생 자연, 특히 우리가 기원한 장소일 가능성이 아주 높은 이곳 야생 자연은 우리가 실제로 어떤 존재인지 드러내는 아주 밝은 빛을 비춰준다. 야생 자연은 우리의 스승이자 부양자이며, 우리가 들이마시는 모든 숨과 우리가 먹는 모든 음식이다. 하지만 우리는 자신이 어디서 왔는지, 그리고 어떤 존재인지 잊어버렸다. 부서진 우리의 마음처럼 이것은 아름다운 비극이다. 나는 우리가 돌아가는 길을 발견하길 진심으로 바란다. 만약 우리가 그 길을 발견하지 못하더라도, 여전히 자연의 법칙이 세계를 지배할 것이다.

큰 용기를 내서 자신의 이야기를 숨김없이 털어놓을 수 있었

야생 자연은 우리의 스승이자 부양자이며, 우리가 들이마시는 모든 숨과 우리가 먹는 모든 음식이다. 하지만 우리는 자신이 어디서 왔는지, 그리고 어떤 존재인지 잊어버렸다. 부서진 우리의 마음처럼 이것은 아름다운 비극이다. 나는 우리가 돌아가는 길을 발견하길 진심으로 바란다. 만약 우리가 그 길을 발견하지 못하더라도, 여전히 자연의 법칙이 세계를 지배할 것이다.

던 내 친구와 함께 이 책을 만든 것을 큰 영광으로 생각한다. 로스와 함께 헤엄치면서 로스가 야생 자연과 자신의 과거와 현재와 연결된 실을 복구하는 모습을 지켜본 것은 내게 큰 행운이라고 생각한다. 나는 로스의 이야기가 우리의 모든 이야기를 반영하고 있다고 생각한다. 기업-산업 복합체의 기묘한 환경 속에서 살아가면서 우리는 자신의 원래 어머니와 아버지를 버렸는데, 어떤 면에서 그들이 우리를 버린 것처럼 똑같이 그들을 버렸다. 우리는 위대한 부양자인 자연의 탯줄에서 잘려나와 두려움에 질린 어린이와 같다. 우리는 가장 깊은 자양분과 사랑의 원천을 버렸다.

매일 추위 속에서 잠수를 한 지 3년이 지난 뒤, 나는 수중에서 동물을 추적하는 방법을 개발하기 시작했고, 많은 야생 동물과 연결되는 실을 만들기 시작했다. 그들은 나의 동물 선생님이 되었다. 나는 몇 년 만에 처음으로 카메라를 들고 다시 촬영을 시작할 에너지와 열정을 얻었다. 이제 나는 세계 최고의 인류학자, 철학자, 생물학자, 고고학자와 함께 연구하고 사귀면서 과학계와도 연결되는 실을 만들었다.

하지만 이 여행에서 나의 가장 큰 선생님들은 문어, 큰학치, 헬멧고둥, 성게, 갑오징어, 수달, 파자마상어 같은 동물이었다. 나는 매일 이 동물들과 함께 상호 작용하며 많은 해를 보냈고, 이들은 마침내 자신의 클럽에 가입을 허락했다. 그레이트아프리칸시포리스트는 자신의 마음을 가지고 있는 것처럼 보인다. 그것은 야생 자연 그리고 내 주위의 경이로운 사람들과 연결되는 내 실을 복구하도록 도와준 심오한 지능이다.

내가 깊이 바라는 것이 있다면, 우리가 여기서 만든 모든 실들이 언젠가 한데 얽혀 밧줄이 되는 것이다. 나는 이 밧줄이 사람들과 동물들과 식물들이 만든 다른 밧줄들과 합쳐지리라고 기대한다. 이 밧줄들이 합쳐져 거대한 줄이 되길 기대한다. 이 줄은 우리가 야생 자연과 함께 추던 원래의 춤인 교향곡에 장단을 맞춰 우리를 앞으로 그리고 뒤로 끌어당길 것이다.

크레이그 포스터

이 책과 더 큰 규모의 시체인지 프로젝트Sea-Change Project 후원을 통해 큰 도움을 주었을 뿐만 아니라, 길고도 때로는 어려운 창조 과정 동안 많은 영감과 격려를 준 엘리자베스 파커Elizabeth Parker와 마풀라기금에 큰 감사를 드린다.

나는 큰 특권을 누렸는데, 켈프 숲과 조간대 생태계의 대가인 찰스 그리피스 명예 교수로부터 많은 것을 배웠다. 나는 다년간 보름달과 신월이 뜰 때마다 찰스와 젊고 총명한 해양생물학자 야네스 란트쇼프와 함께 노출된 조수 웅덩이의 동물들을 '숭배'하러 갔다. 우리는 순전히 즐거움 때문에 그리고 과학 논문을 위해 함께 해양생물을 탐구하고 사진을 찍고 기록했다. 찰스는 나의 멘토가 되었고, 나는 그를 살아 있는 최고의 박물학자 중 한 명으로 꼽는다. 찰스는 대단한 지식과 지성을 가졌을 뿐만 아니라, 달라이 라마와 비슷한 면도 있다.

조간대 산책이 끝나면, 찰스는 자신의 연구실로 돌아가고, 나는 야네스와 함께 잠수를 하면서 나의 수중 추적 방법을 보여주었다. 야네스의 과학 세계와 나의 추적 세계가 결합되어 개념들의 가마솥이 만들어졌고, 이것은 새로운 종과 동물 행동의 발견으로 이어졌는데, 그중 많은 것은 이 책에서 처음으로 소개되었다.

그와 동시에 나는 아프리카에서 손꼽히는 고고학자인 크리스토퍼 헨실우드 교수의 연구에 끌렸다. 그는 인간의 기원 연구 부문에서 나의 멘토가 되었고, 나의 깊은 과거로, 그리고 우리와 바다의 오래된 관계로 연결되는 실을 만들 수 있도록 나를 이끌어주었다. 그는 아프리카 남해안에서 이룬 획기적인 발견을 통해 인류의 선사 시대에 관한 기존의 개념에 큰 변화를 가져왔다. 크리스와 나는 아프리카를 예술과 문화와 과학의 탄생 장소로 홍보하기 위해 전시회를 열고 단편 영화 시리즈를 제작하면서 3년 동안 함께 일하기도 했다.

환상적인 내 아내 스와티 티야가라잔에게 큰 고마움을 전한다. 스와티는 아시아 최고의 환경 저널리스트이자 동물의 삶에 관한 한 걸어다니는 백과사전이다. 내가 7년 전에 영화 제작 일을 그만두었을 때, 나는 그 결정이 어떤 결과를 낳을지 전혀 알 수 없었는데, 스와티는 내가 이 급진적인 삶의 변화를 겪는 내내 변함없이 나를 지지해주었다.

나는 야생 자연에 관한 지식을 아들 톰에게 아주 어릴 때부터 전수하기 시작했다. 시간이 지나자 톰은 물속에서도 침착함을 유지하는 능력을 발달시켰고, 동물들, 그중에서도 특히 상어와 친해졌다. 자연의 거울은 아주 강하고 친절한 사람을 내가 선물받았다는 것을 보여주었는데, 톰은 비록 나이는 어려도 내가 존경하고 배울 수 있는 사람이다. 톰을 통해 나는 심오한 자연이 어떻게 젊은 남자에게 큰 자신감과 겸손을 줄 수 있는지 목격했다.

8000여 장의 사진을 찍고 그것들을 분류하고 편집해 이 책의 비전을 제공한 로스에게 큰 고마움을 표시하지 않을 수 없다. 초고를 준비하기 위해 내게 복잡한 디자인 프로그램을 배우게 한 것에 대해, 그리고 이 책과 더 거대한 시체인지 프로젝트를 낳은 수백 차례의 놀라운 대화에 대해 다시 한번 감사드린다.

로스와 나는 이 모든 실들을 엮어 책으로 만들고, 각자 서로 다른 관점에서 야생 자연에 대한 우리의 깊은 열정을 표현하느라 몇 년을 보냈다. 처음에는 어떻게 해야 그 정수를 추출할 수 있을지 방법을 몰라 난감했지만, 바로 그때 마지막 마법의 성분이 우리 편집자 피파 에를리히를 통해 나타났다. 피파는 우리와 함께 거의 2년 동안 잠수를 하면서 물속에서 추적을 하고 촬영하는 법을 배웠다. 피파는 천성적으로 섬세한 마음을 가진 전문 해양 저널리스트로, 우리의 친구이자 편집자로서 우리가 이 책을 만드는 길을 찾도록 안내했다. 나는 피파의 뛰어난 재능뿐만 아니라, 내 생각과 로스의 생각을 개선하고 결합해 조화로운 전체로 만드는 과정에서 보여준 감수성과 인내력에도 깊은 고마움을 느낀다.

카리나 루빈-프랑칼Carina Rubin-Frankal은 조용히 우리를 주의 깊게 지켜보았다. 나는 카리나와 심오하고 신뢰할 수 있는 그 정신을 알고 지낸 모든 세월에 큰 고마움을 느낀다. 나는 카리나를 따라 다큐멘터리 영화 〈아프리카의 우주Cosmic Africa〉를 촬영하느라 아프리카 전역을 누볐다. 이제 우리는 시포리스트에서 다시 만났고, 시체인지기금을 통해 해양 관련 프로젝트를 함께 진행하고 있다.

의심의 여지가 없는 세계 최고의 수중 카메라맨이자 악어와 함께 잠수하던 시절부터 나의 훌륭한 친구가 된 로저 호록스Roger

Horrocks에게도 감사의 말을 빼놓을 수 없다. 우리는 함께 BBC의 〈블루 플래닛 II〉 시리즈를 위해 '갑옷 입은 문어' 편을 촬영했다. 로저는 내게 자신의 시간뿐만 아니라 고가의 고속 카메라도 장기간 내주면서 한없는 관대함을 보여주었다. 〈블루 플래닛 II〉를 촬영하면서 수중에서 경험한 것과 로저의 기술과 관대함 덕분에 나는 두 족류를 새롭게 이해하게 되었고, 이것이 계기가 되어 나는 그들의 야생 세계로 연결되는 더 깊은 실을 만들 수 있었다.

BBC의 〈블루 플래닛 II〉 팀과 함께 일한 것은 큰 특권이었는데, 그 덕분에 우리가 사랑하는 켈프 숲과 문어, 파자마상어, 큰학치를 세상에 소개할 수 있었다. 전체 팀은 과학과 매체 사이의 대화가 제대로 작동하도록 지원을 아끼지 않았는데, 특히 존 체임버스John Chambers, 캐스린 제프스Kathryn Jeffs, 마크 브라운로Mark Brownlow, 제임스 허니본James Honeyborne, 조지나 워드Georgina Ward에게 큰 고마움을 전한다.

암스테르담의 오프더펜스 프로덕션에서 일하는 엘런 빈데뮛Ellen Windemuth, 샘 바턴-험프리스Sam Barton-Humphreys, 뤼도 뒤푸르Ludo Dufour에게도 특별한 감사를 드린다. 이들은 이 책의 많은 측면을 영화에서 살린 장편 다큐멘터리 영화 〈나의 문어 선생님〉을 제작하는 몇 년 동안 우리에게 영감을 주었고 긴밀하게 협력했다.

루이스 허먼Louis Herman은 하와이 대학교 웨스트오아후의 정치학 교수이다. 아파르트헤이트 시절의 남아프리카 공화국에서 정통 유대인 공동체에서 태어난 루이스에게 가장 이른 기억으로 남아 있는 것은 부시벨트(남아프리카의 아열대 삼림 생태 지역)와 해변의 거친 아름다움에 도취된 '야생의 황홀경'이었다. 루이스는 내게 특별한 친구였고, 생명에 대한 그의 천부적인 열정과 원초적 환희를 주제로 함께 나눈 수백 차례의 황홀한 대화는 루이스가 '존재의 기반'이라고 부르는 것을 내가 형성하는 데 큰 도움을 주었다. 존재의 기반은 내가 별개의 실체로 존재하는 것이 아니라, 펼쳐지는 거대한 불가사의의 일부로서 내 몸과 세계 모두에 속한다는 걸 인식하는 감각이다.

인류학자이자 영화 제작자인 나이오비 톰프슨은 좋은 친구이자 큰 영감을 주는 사람이다. 이 책의 아이디어 중 많은 것은 많은 상을 탄 서사시적 시리즈 작품 〈인류의 위대한 오디세이The Great Human Odyssey〉를 제작하기 위해 아프리카 장면에 대한 브레인스토밍을 하다가 나눈 대화에서 나왔다. 나이오비와 그의 훌륭한 팀과 함께 최초의 아프리카 인류 가족을 재현하는 일을 한 것은 내게 큰 영광이었다.

초기 인류의 삶을 재현하는 장면을 열정적으로 연기해준 다음 배우들에게 감사드리며, 그중에서도 특히 인류의 선사 시대와 문화 복구에 특별한 관심을 가진 팀장 도노반에게 감사드린다: 도노반 판 데르 헤이던Donovan van der Heyden, 사나 판 아도니스Sana van Adonis, 킬러 판 비크Kyle van Wyk, 장-피에르 폴스Jean-Pierre Paulse, 록산 마틴Roxanne Martin, 프란스 보이선Frans Booysen, 마리오-리 워드Mario-Lee Ward, 루시디엔 레이번Rushdien Raven, 안딜레 쿠즈와요Andile Khuzwayo, SL 마카예SL Makhaye.

자넷 디컨Janette Deacon 박사는 !삼 암면 미술!Xam rock art과 블릭과 로이드의 산족 기록에 관한 한 세계적인 권위자이다. 자넷은 내게 산족 암면 미술을 가르친 스승이며, 아프리카 선사 시대 미술의 경이를 밝혀내고 홍보하는 데 평생을 바친 아주 특별한 사람이다.

내 동생 데이먼과 아내 로렌Lauren은 많은 사람들이 정신 나간 짓으로 간주했을 일에 늘 변함없이 애정 어린 지지를 보내주었다. 이들의 사랑과 보살핌이 없었더라면, 나는 살아남지 못했을 것이다. 부모인 키스Keith와 다이애나Diana, 할머니 마조리Marjory와 지금은 고인이 된 증조할머니 구지Guggi는 모두 시포리스트를 향한 나의 사랑을 키워주었다. 이들은 내가 두 살 때부터 이 강박적인 사랑에 빠져드는 것을 지켜보았다.

프라노이 로이Prannoy Roy와 라드히카 로이Radhika Roy는 이 일을 하는 데 걸린 여러 해 동안 내게 변함없는 지원과 사랑을 주었다. 이들의 열정과 공짜로 장비를 내준 너그러움 덕분에 나는 육체적으로나 정서적으로 계속 버텨나갈 수 있었다. 이들보다 더 섬세한 영혼을 가진 사람은 만난 적이 없다.

존 영Jon Young과 앨윈 마이버그Alwyn Myburg, 아나 브레이텐바흐Anna Breytenbach는 모두 야생 동물 추적자이지만, 사람의 마음 추적자이기도 하다. 나는 이들의 예외적인 기술과 자연에 대한 강렬한 열정에서 큰 영감을 받았다.

이 프로젝트의 초기 단계에서 큰 도움을 준 댄 워크맨Dan Werkman에게 큰 감사를 드린다. 특히 선사 시대를 재현하고, 이 책에 실린 두 가지 이미지(내가 상자해파리 사이에서 헤엄치는 장면과 톰이 내 등 위에 올라탄 채 잠수하는 장면)를 촬영하는 일에 큰 도움을 주었다.

제니퍼 매더Jennifer Mather 교수도 빼놓을 수 없는데, 제니퍼는 문어의 마음에 관한 깊은 지식(40년간의 연구 결과)을 내게 나눠주었고, 우리가 이 신비스러운 두족류의 삶 속으로 더 깊이 추적하는 방법을 발견하도록 돕기 위해 멀리 캐나다에서 그레이트아프리칸시포리스트까지 잠수를 하러 왔다.

가끔 켈프 숲으로 들어오는 많은 해파리와 그 밖의 원양 동물 종을 확인하는 데 친절한 도움을 준 마크 기번스Mark Gibbons 교수에게도 고마움을 전한다.

늘 기대를 넘어서는 능력을 보여주고, 수중 추적 지도를 만드는 일에 자신의 기술과 시간을 매우 관대하게 내준 크리스 로크너Chris Lochner에게도 큰 감사를 드린다.

우리의 정신 나간 열정과 매번 연기되는 마감을 참아주고 이 프로젝트에 큰 열정을 보여준 출판사 대표 리비 도일Libby Doyle과 크레이그 프레이저Craig Fraser에게도 감사의 뜻을 전한다. 축복이 있기를!

로스 프릴링크

크레이그 포스터에게 감사드린다. 이 책의 아이디어는 모두 당신에게서 나왔고, 당신의 독창적인 천재성은 놀라운 영감의 원천이었다. 당신과 함께 한 이 야생 여행은 아주 즐거웠다.

피파 에를리히에게도 고마움을 전한다. 당신은 훌륭하고 열정적인 편집자이자 좋은 친구였다. 이 이야기의 많은 측면을 통합한 당신의 능력은 아주 경이로웠다.

닐 에버하트Neil Eberhard, 저스틴 피스크Justin Fiske, 코션 루빙가Caution Ruvinga, 마이클 블록Michael Bloch에게; 도움이 절실히 필요할 때 카약을 완성하도록 도와주어 매우 고맙다.

오랜 세월 동안 서핑과 잠수를 함께 한 모든 친구들에게 감사드린다. 그 수가 너무 많아 일일이 거명할 수는 없지만, 당신들은 늘 내게 큰 위안을 주는 사람들이다.

마지막으로 지혜와 사랑을 나눠준 저스틴 조웰Justine Jowell과 아름답고 쾌활한 정신을 가진 조지프 프릴링크Joseph Frylinck에게 감사드린다.

○

로스와 내가 시포리스트와 특이한 관계를 발전시키고 있으며, 잠수복 없이 오랫동안 잠수할 수 있고, 추위가 환희의 느낌을 유발한다는 소문이 퍼져나가자, 그것을 배우고 싶어 하는 사람들이 나타났다. 우리는 수백 명을 마법의 왕국으로 안내했고, 그중 일부는 정기적으로 시포리스트를 찾는 사람이 되었다. 그들의 삶이 어떻게 변하고, 이 환경의 힘에 의해 그들이 어떻게 변신하는지 지켜보는 것은 아주 흥미로웠다. 마치 기억과 이미지를 사냥하면서 숲 속을 돌아다니는 작은 수륙 양서 부족처럼 친구들과 함께 시포리스트에서 헤엄을 치고 프리다이빙을 하면 경이로운 느낌이 든다. 이 풍요로운 장소에서 우리는 가끔 큰 포식 동물을 만난다. 때로는 추위가 유발하는 강렬한 감정과 진실에 맞닥뜨리기도 한다. 이 부족에는 15세부터 75세까지 모든 연령대의 사람들이 있으며, 바다의 힘이 엮어준 특별한 우정이 여러 세대를 아우르며 생겨났다. 서로 이야기를 하고 자연과 동물에 대해 친근한 대화를 나누는 이 공통의 관심은 원초적인 인간 경험의 중심에 있으며, 인간을 야생 자연과, 야생 자연을 인간과 결합시킨다.

피파 에를리히

Pipa Ehrlich, 영화감독

2년 전에 크레이그 포스터가 내게 추적하는 법을 가르치기로 동의했을 때, 나는 환경에서 물리적 신호를 읽는 법을 배우겠거니 하고 생각했다. 그 후 나는 추적은 물리적 흔적을 해석하는 방법이라기보다는 세계(자신의 내부 세계와 외부 세계 모두)를 이해하는 방법이란 사실을 깨달았다. 그것은 살아가면서 맞닥뜨리는 것들로부터 문자 그대로 혹은 다른 측면의 의미를 만드는 훈련이다. 주변 자연 환경을 더 정밀하게 이해할수록 해석에 필요한 단서를 더 많이 얻고 대화가 더 흥미로워진다. 그것은 새로운 장소의 언어를 배우는 것과 같다. 사용하는 어휘가 많을수록 주변 사람들과 더 깊고 더 의미 있는 연결을 맺을 수 있다.

이 책과 함께한 나의 여행은 그 출발 지점을 추적해보면, 그것은 바람이 거세게 부는 해변이나 야생 켈프 숲에서 시작한 것이 아니라, 불빛이 희미한 창고 뒤편에서 웨이브스케이프 서핑 영화 축제의 상어 보전 부스에서 일하면서 시작했다는 사실을 깨닫게 된다. 로스 프릴링크가 이 책의 8~9페이지에 나오는 이미지를 보여준

곳이 바로 그곳이었다. 그때 나는 이 프로젝트의 중심 주제가 된 '신에게 연결된 밧줄' 개념을 처음 접했다. 바로 그 순간, 로스는 일을 통해 아는 사람으로부터 내가 이해하고 경험하길 간절하는 원하는 것에 대한 통찰력을 가진 사람으로 변신했다.

로스와 나 사이에 깊은 우정이 발전했고, 몇 달 뒤에 로스는 나를 크레이그에게 소개했다. 갑자기 나는 시포리스트 동물들이 사는 차가운 세계와 문어에 관한 소문을 퍼뜨리고 다니는 기묘한 사람들 사이에서 흐르는, 거부할 수 없는 해류에 휩쓸린 자신을 발견했다. 나는 편안한 일자리를 포기하고, 매일 잠수복 없이 하는 잠수 연습과 내가 전혀 꿈꿀 수 없었던 자연과 나 자신에 대한 이해를 포함하는 새로운 현실을 받아들였다. 나는 추위를 편안하게 받아들이게 되었고, 크레이그는 수중에서 동물을 추적하는 법과 날씨가 거친 날에 바다와 소통하는 법을 가르쳤다. 나는 이 모험에서 눈이 휘둥그레진 채 추위에 벌벌 떨며 나올 때가 많았고, 때로는 피를 뚝뚝 흘리면서 나왔다. 그리고 절대로 선택하지 않았을 음식을 먹으라는 권유도 받았다. 그중에는 '에너지가 풍부한' 섬뜩하고 징그러운 갑각류와 수달이 먹다 남겨 햇볕에 바싹 마른 먹이도 포함돼 있었다.

로스와 크레이그가 내게 이 책의 편집을 맡아달라고 부탁했을 때, 나는 어떤 난국 속으로 들어가는지 안다고 생각했다. 태평스러운 서퍼(불안에 휩싸여 광분하는 지렁이들 사이에서 가끔 다른 세계로 빠져드는)와 부드럽게 말하는 영화 제작자(경성 과학과 토착 원주민의 마법 사이를 손바닥 뒤집듯 오가고, 애플 노트나 이메일 외에 다른 곳에는 일절 글을 쓰지 않는)와 함께 일한다는 것이 얼마나 힘든 일이겠는가? 강렬하지만 아주 다른 이 이야기들을 합쳐서 하나로 엮는 것은 정말로 힘든 일로 드러났다. 로스와 크레이그는 놀라운 경험을 공유했지만, 세계를 바라보는 시각은 아주 판이하다.

이 과정에서 두 사람이 각자의 개인적 여행을 추적하도록 도운 것은 내게 영광스러운 일이었다. 나는 용감하게 자신을 계속 반복적으로 추위에 내던진 로스를 존경한다. 그의 글은 이 다양하고 서로 대립하는 현실들을 결합하는 응집력을 제공했고, 방대한 영상들을 엮어서 의미 있는 시각적 이야기로 만드는 데 성공했다. 나는 또한 켈프 숲을 다큐멘터리로 기록하고 이해하려는 크레이그의 헌신과 그의 자연계 사랑에 감탄했다. 나는 이 책의 힘은 이렇게 다양한 관점들을 합친 데 있다고 생각한다.

로스와 크레이그와 함께 일하기 전에 나는 '여섯 번째 대멸종'에 진입하면서 우리가 직면한 도전에 압도되어 오랫동안 과학과 보전을 다루는 저널리스트로 일했다. 우리 종이 세계적 종말을 만들어내고 있음을 보여주는 강력한 증거 앞에서 인류의 미래에 대해 긍정적인 생각을 갖기는 어렵다. 과학은 해결책을 찾는 데에는 아주 뛰어나지만, 사람들에게 그것을 실행에 옮기게 하는 데에는 효과적이지 못하다. 나는 행동을 변화시키려면 더 깊은 곳에 있는 무의식적(어쩌면 원초적) 끈들을 잡아당길 필요가 있다고 믿는데, 내가 '신에게 연결된 밧줄' 이미지에 크게 끌린 이유는 이 때문이다.

나는 처음에는 이 개념과 이 책에서 탐구하는 그 밖의 많은 개념에 회의적이었지만, 신체 레이더, 원초적 환희, '숲의 마음'을 직접 경험하고 나자 모든 저항이 사라졌다. 나는 케이프반도 남부 해안의 황량한 해변에서 로스와 크레이그와 함께 잠을 자다가 깬 기억이 강렬하게 남아 있는데, 그때 밀물로 밀려온 바닷물이 슬리핑

백에서 불과 몇 미터 떨어진 곳에서 출렁이고 있었다. 그 순간, 나는 행복과 자유로움을 강렬하게 느꼈는데, 그와 동시에 내가 세계에 속하고 연결되었다는 느낌도 강하게 들었다.

내게는 이 책에서 말하지 않은 주제가 하나 있는데, 원초적 환희의 필수 요소인 그것은 바로 사람들을 함께 결합하는 공통의 경험에서 얻는 힘이다. 이 책을 만들면서 크레이그와 로스는 나이와 성의 장벽을 초월하여 성장하는 공동체의 기반을 닦았다. 이 공동체는 시포리스트 현실의 공통 경험을 통해 함께 결합된 수륙 양서 부족이다. 시포리스트는 말 없는 존재들이 자신의 피부를 통해 이야기하는 곳이자, 얼음처럼 차가운 야생 바다가 지극히 행복하고 조화롭게 사람이란 과연 무엇인지를 경험할 수 있게 해주는 장소이다.

수중 추적 지도

크레이그의 마인드맵

산족 추적자들과 함께 지낸 기억에 영감을 얻어 나는 머릿속에 수중 지도를 만들기 시작했다. 이 지도는 서로 다른 수중 미소 서식지들로 이루어져 있다. 서서히 나는 수백 종의 생물이 사는 장소가 어디인지 알게 되었고, 때로는 그 움직임까지 예측할 수 있었다. 나는 흰덩이멍게(암석에 영구적으로 고정된 채 살아간다고 생각했던 동물)가 내 마인드맵에서 다른 장소로 움직이는 것을 알아챘다. 자세히 살펴보았더니, 게가 바위에 붙어 있던 흰덩이멍게를 잘라내 독이 있는 그 껍데기를 살아 있는 보호용 망토처럼 착용하고 있었다. 그것은 망토해면게가 살아가는 천재적인 방법이었다!

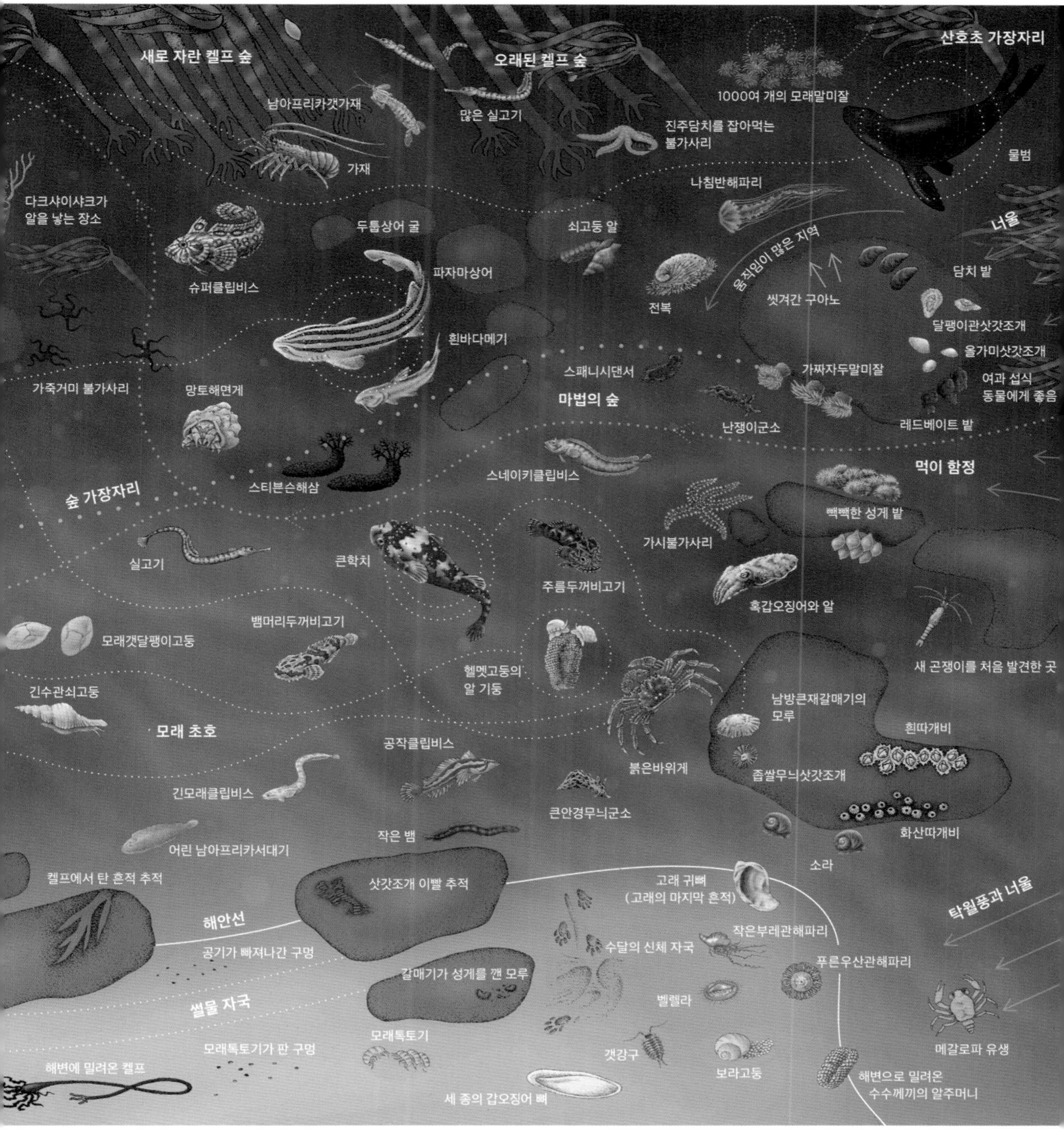

찾아보기

옮긴이 **이충호**
서울대학교 사범대학 화학과를 졸업했다. 지금은 교양 과학도서의 번역가로 활동하고 있다. 『신은 왜 우리 곁을 떠나지 않는가』로 제20회 한국과학기술도서(대한출판문화협회) 번역상을 수상했다. 옮긴 책으로는 『사라진 스푼』『바이올리니스트의 엄지』『뇌과학자들』『카이사르의 마지막 숨』『미적분의 힘』『잠의 사생활』『그러므로 나는 의심한다』『경영의 모험』『동물의 생각에 관한 생각』『진화심리학』『원소의 이름』『돈의 물리학』『변화는 어떻게 일어나는가』 등이 있다.

바다의 숲
나의 문어 선생님과 함께한 야생의 세계

초판 발행 2021년 11월 22일

지은이 크레이그 포스터, 로스 프릴링크
옮긴이 이충호
펴낸이 김정순
편집 허영수 장준오
디자인 김진영
마케팅 이보민 양혜림 이다영

펴낸곳 (주)북하우스 퍼블리셔스
출판등록 1997년 9월 23일 제406-2003-055호
주소 04043 서울시 마포구 양화로 12길 16-9(서교동 북앤빌딩)
전자우편 henamu@hotmail.com
홈페이지 www.bookhouse.co.kr
전화번호 02-3144-3123
팩스 02-3144-3121

ISBN 979-11-6405-139-7 03400

해나무는 (주)북하우스 퍼블리셔스의 과학·인문 브랜드입니다.